KB088969

유대인 자녀 교육에 답이 있다

유대인 자녀 교육에 답이 있다

유경선 지음

5000년 유대인의 지혜로
미래 교육의 위기를 극복한다

한국경제신문*i*

PROLOGUE

왜 지금 유대인 교육인가?

코로나로 언택트Untact 시대가 도래했다. 많은 전문가들조차 코로나의 종식을 예측하지 못하고 있다. 지난겨울부터 시작된 학교 방학이 사실상 계속 이어지고 있다. '사실상' 방학이 언제 끝날지 아무도 모른다. 코로나는 '스마트 스쿨', '홈스쿨'을 가속화시키고 있다. 미래 교육학자들이 말한 2030년대 미래 학교가 코로나로 뜻밖에 현실에서 실험되고 있다. 제도권 학교 교육이 가정 안으로 이미 들어왔고 이러한 시대의 흐름은 되돌리기 어려워 보인다.

자녀가 가정에서 머무는 시간이 길어지면서 가정은 때아닌 '자녀와의 전쟁'을 치르고 있다. 아들은 하루 종일 동영상과 게임에 빠져 있고, 딸은 웹툰과 카톡에 심취해 있다. 학교 동영상과 게임 동영상을 동시에 켜기는 예사이고, 스마트폰 동영상까지 3개의 동영상을 동시에 소화하기도 한다. 부모들은 코로나 시대에서 새로운 교육 패러다임 변화에 몸부림치며 안간힘을 쓰고 있다.

언택트 시대에 점점 더 중요한 것이 자녀 교육이다. 원하든 원치 않든 가정에서 자녀 교육을 시켜야 한다. 혹자는 우리나라에 가정 교육과 예절 교육은 있지만, '제대로 된 자녀 교육과 부모 교육'은 존재하지 않는다고 한다. 누구나 사랑해서 결혼하고 아이를 낳는다. 결혼은 준비 기간이 있지만, 부모가 되는 일은 대체로 준비 없이 다가온다. 개인뿐 아니라 국가와 사회도 준비 부족은 마찬가지다.

생명의 탄생으로 난생처음 마주하는 감동은 순식간에 육아 전쟁으로 이어진다. 태교를 시작으로, 영아들을 상대로 한 문화센터 교육, 말을 하기 시작하면 학습지와 방문교사 수업, 예체능 학원, 영어 유치원, 선행학습과 내신관리를 위한 학원과 과외, 대학입시 학원과 재수 학원까지 사교육이 쓰나미처럼 밀려온다. 대부분의 부모가 그렇게 아이를 키운다. 예외가 되기란 부모에겐 '두려운 일'이고, 아이에겐 '미안한 일'이거나 '원망을 각오해야 하는 길'이다. 예외의 길을 걷기란 부모와 자녀 모두에게 쉽지 않다. 이래도 아쉽고, 저래도 아쉬움이 남는 것은 '결혼'이 아니라 '자녀 교육'이다.

우리 자녀들의 현실은 어떠한가? 교육부에 따르면 2020년 올해 전문대를 포함한 대학 지원자 수는 47만 명이지만, 대학 모집 정원은 이보다 1만 5,000명 많은 48만 5,000명이다. 대학 정원이 응시자 수를 이미 초과한 것이다. 한편, 고등학교 졸업자의 대학 진학률은 2008년 83.8%로 정점을 찍은 후 지속적으로 하락하다가 작년 70.4%에서 정체 중이다. 대학을 진학해도 장기 불황과 좁은 취업문에 취준생으로 머무는 기간이 길어지고 있다.

국가의 교육은 백년지대계라고 한다. 한국 부모에게 자녀 교육은 한 세대 이상을 의미한다. 자녀와 그 자녀의 자식까지 영향을 미치기 때문이다. 부모에게 자녀는 더 이상 보험은 아니지만, 여력이 된다면 평생 돌보며 보태주고 싶은 대상인 것은 부인하기 어렵다. 그렇다면 자녀에게 무엇을 어떻게 물려줄까? 어린이집, 유치원부터 고등학교 또는 재수까지 12년 이상 엄청난 사교육 비용을 부담하고, 누구라도 들어갈 수 있는 대학을 1,000만 원 넘게 빚을 지고 실업자로 졸업하는 것이 지금의 현실이다.

한편, 코로나라는 위기의 시대에 빛을 발하는 민족이 있다. 바로 유대인이다. 구글의 창업자 래리 페이지Larry Page와 동료 세르게이 브린Sergey Brin, '페이스북 공화국'을 만들어낸 마크 저커버그Mark Zuckerberg와 그의 룸메이트 더스틴 모스코비츠Dustin Moskovitz, 아마존 성공신화로 세계 최대 갑부가 된 제프 베조스Jeff Bezos, IBM보다 한 발 앞서 상업용 데이터베이스 산업을 일군 래리 엘리슨Larry Ellison, 중간 유통망을 없애고 소비자에게 직접 판 델 컴퓨터의 창업자 마이클 델Michael Dell, 마이크로프로세스 시장에서 독보적 지위를 가지고 있는 인텔의 창업자이자 앤드류 그로브Andrew Grove 등이다. 이들의 공통점은 IT 산업과 플랫폼에 기반한 글로벌 혁신산업을 선도하는 유대인이다.

유대인이 전 세계의 부와 글로벌 혁신을 주도하며 세상에서 가장 부유한 민족이 될 수 있었던 배경으로 유대인 자녀 교육을 부인할 수 없다. 수천 년 동안 나라도 없이 모국어도 없이 살아 왔지만, 지금 유대인의 우수성과 탁월성 뒤에는 유대인 부모에서 자녀를 통해 이어져 온 유대인만이 가진 자녀 교육법이 있었다.

유대인 자녀 교육은 답답한 교육 현실을 마주하고 있는 우리 부모들에게 몇 가지 시사하는 점이 있다. 첫째, 자녀에 대한 투자 자금을 사교육으로 지금 사용할지, 아니면 미래 창업 등을 위한 종잣돈으로 자산관리를 할 것인지다. 유대인은 만 13살에 성인식을 통해 종교적, 사회적으로 자녀를 독립시킨다. 성인식의 참석자들이 낸 축하금 수만 달러를 중학교, 고등학교, 군복무, 대학까지 자산관리해서 대학 졸업 후 창업을 독려하고 있다. 둘째, 이들은 자녀를 줄 세우기 경쟁에서 베스트가 아닌 자신만의 개성을 발견해 온리 원Only One이 되도록 한다. 셋째, 자녀에게 조기 경제 교육과 부모의 한 발자국 앞선 독립으로 '사춘기'의 나이에 사실상 자녀를 독립시킨다. 넷째, 유대인은 '뻔뻔한 질문'을 문화적으로 허용해 과학 패러다임을 바꾸고 산업을 혁신시킨다. 이러한 문화는 매년 다수의 노벨상 수상을 비롯해 세계 금융산업과 4차 혁명시대 IT 산업 등 글로벌 혁신을 이끌어가는 성과를 낳고 있다. 마지막으로 이들은 돈에 대한 유연한 생각과 역발상으로 평생 부를 추구하고 자선을 행한다.

유대인 자녀 교육은 안식일 지키기 등 유대교라는 종교생활과 밀접한 관련이 있어 우리나라에 그대로 적용할 수는 없다. 하지만 자녀 성공을 한 번쯤 생각해보고 활용할 만한 5000년 지혜는 여전히 많다.

이 책은 유대인 역사, 유대인 종교, 유대인 자녀 교육법을 한 권으로 읽고 이해해서 현실에 적용할 수 있도록 구성됐다. 결혼을 앞둔 예비부부, 만 13살 미만의 자녀를 둔 부모에게 일독을 권한다. 그러나 이 책은 꼭 자녀만을 위한 책이 아니다. 필자는 유대인 공부를 통해서 인생에 대한 많은 '관점'이 변화했다. 그야말로 '하마터면 유대인 모르고 살 뻔했네'라는 말이 절로 나왔다. 유대인에 대한 무조건 찬양이나 칭찬을 하자는 것은 아니다. 수천 년 유대인이 타 민족으로부터 고난과 박해를 받았던 것만큼 유대인에 대한 시각은 사람마다 다르다. 그럼에도 내 자녀의 성공을 위해 유대인과 유대인 자녀 교육에서 배울 것이 있다면 배우는 용기와 실천도 필요하다.

랍비 바알 셈 도프는 "진리가 어디에나 존재합니까?"라는 제자의 질문에 이렇게 답했다.

"진리는 길거리의 작은 돌멩이처럼 흔하다. 그래서 누구나 진리를 쉽게 얻을 수 있단다. 다만, 돌멩이를 주우려면 반드시 허리를 굽혀야 하지만, 사람들은 허리를 굽힐 줄 모를 뿐이다."

코로나 위기로 자녀와 가정에 머무는 시간이 길어지고 있다. 이 책을 통해 독자들이 잠시 허리를 굽혀 5000년간 부와 성공을 일구는 유대인의 자녀 교육법으로부터 지혜의 돌멩이를 얻기를 진심으로 바란다.

유경선

CONTENTS

CHAPTER 4 밥상머리 교육, 공동체 정신을 배우다

CHAPTER 5 인성 교육, 성공의 기초를 닦다

CHAPTER 6 경제 교육, 빠를수록 부자에 가까워진다

CHAPTER 7 성공 교육, 자녀의 경제력을 키우다

CHAPTER 1

유대인 자녀 교육, 이것만은 알아두자

유대인은 예로부터 자녀를 선인장 꽃의 열매인 '사브라Sabra'라고 부른다. 유대인에게 자녀는 생명체가 좀처럼 살기 어려운 사막이라는 악조건에서 살아남아 꽃을 피우고 맺은 열매처럼 귀한 존재다. 유대인은 5000년 고통과 박해의 역사가 지혜로, 자녀라는 열매로, 대를 거듭해 번창하기를 기도한다. 이들에게 자녀는 '신이 내린 선물'이다.

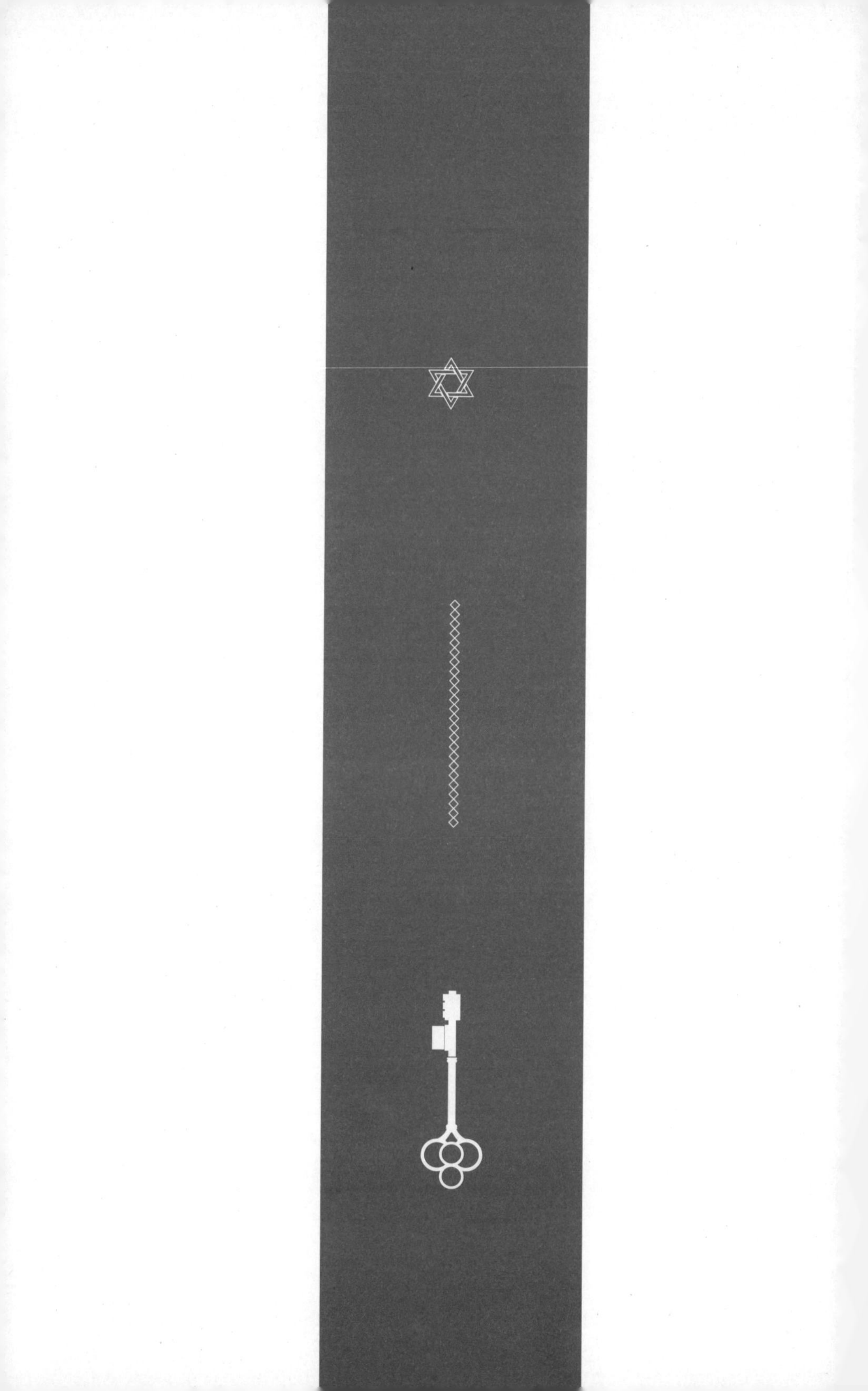

유대인은 누구이며, 유대교란 무엇인가?

발명왕 에디슨Edison, 사회주의 창시자 칼 마르크스Karl Marx, 상대성 이론을 창안한 아인슈타인Einstein, 세계적인 예언가 노스트라다무스Nostradamus, 기업과 공직에서 활약한 뉴욕 시장 마이클 블룸버그Michael Bloomberg, 수십 억 지구인을 친구로 만든 페이스북의 창시자 마크 저커버그, 커피 성공신화를 만든 스타벅스 CEO 케빈 존슨Kevin Johnson, 투자의 귀재 조지 소로스George Soros, 이들의 공통점은 성공한 유대인이라는 사실이다. 대부분의 사람들은 저명한 유대인 한두 명의 이름은 알지만, 정작 유대인의 정의를 알지는 못한다. 그렇다면 유대인이란 누구인가? 유대인과 유대 민족은 다른 것인가? 같은 것인가? 궁금하지 않을 수 없다.

역사적으로 유대인은 '유대 민족'이라 불릴 만큼 인종 개념으로 출발한다. 유대인의 최초 조상인 아브라함Abraham, 그의 아들 이삭Isaac, 그리고 모세Moses로 이어져 내려오는 혈족을 근간으로 하기 때문이다. 수천 년 유랑 생활이 이어지면서 이러한 민족 개념에 기초한 유대인 정의는 희석될 수밖에 없었다. 그럼에도 불구하고 유대인을 정의하는 데 있어 두 가지 원칙은 여전히 유효하다. 첫째, 어머니가 유대인이면 아버지가 유대인이 아니어도 자식과 자손은 유대인이다. 지금처럼 유전자 검사 등 과학이 발달하기 전에, 유대인을 확실히 알 수 있는 방법은 어머니다. 유대인 여성의 출산을 통해 입증되기 때문이다.

할리우드의 살아 있는 전설이자 영화배우 해리슨 포드Harrison Ford가 대표적인 사례다. 해리슨 포드의 아버지는 아일랜드계 카톨릭 신자이지만, 어머니가 러시아계 유대인으로 해리슨 포드는 유대인이다. 그렇다면 아버지가 유대인이고, 어머니가 비유대인인 경우는 어떨까? 퓰리처상 창시지로 잘 알려진 미국 언론 왕 조셉 퓰리처Joseph Pulitzer와 영화배우이자 자선사업가와 카레이서로 유명한 폴 뉴먼Paul Newman이 여기에 속한다. 이들의 아버지는 유대인이지만, 어머니는 유대인이 아니다. 이들은 자신이 유대교를 믿고, 유대 사회에서 적극적으로 활동함으로써 유대인이 됐다.

둘째, 유대인이 아니더라도 유대교로 개종한 경우 혈족과 무관하게 유대인이 될 수 있다. 미국의 유명 연예인 가운데는 유대인과 결혼하는 과정에서 유대인으로 개종한 사례가 다수 있다. 영국 태생 여배우인 엘리자베스 테일러Elizabeth Taylor는 유대인인 마이크 토드Mike Todd와 결혼한 것이 계기가 되어 유대교로 개종했다. 또한 섹시함의 대명사 마릴린 먼로Marilyn Monroe는 미국의 양심이자 〈세일즈맨의 죽음〉으로 유명한 유대인 극작가 아서 밀러Arthur Miller와 결혼할 때 유대교로 개종했다. 음악가 중 영국의 유명한 첼리스트 자클린 뒤 프레Jacqueline Du Pre는 지휘자이자 피아니스트인 러시아계 유대인인 다니엘 바렌보임Daniel Barenboim과 결혼하면서 유대교로 개종을 선택했다.

결혼과 무관하게 유대교로 개종한 사례도 있다. 일본인으로 유대인 관련 저술활동을 왕성하게 하고 있는 이시즈미 간지石角完爾가 대표적인 경우다. 이시즈미 간지는 1974년 일본에서 태어나 국가공무원 상급시험과 사법시험을 동시에 합격해 일본 정부 공무원으로 활동했다. 그는 1978년 하버드 대학 로스쿨 박사학위 취득 후 2007년 유대교로 개종해 유대인이 됐다. 이시즈미 간지처럼 개종을 통한 유대인들은 아브라함의 자손은 아니지만, 스스로 유대 민족이라 여기고, 선민의식을 가지고 있다.

모계 혈족 또는 유대교에 근거한 유대인의 정의는 1950년 '귀환법the Law of Return'을 계기로 크게 확대된다. 1948년 독립 국가를 선포한 이스라엘은 2년 뒤 귀환법을 제정해서 전 세계 유대인을 상대로 대규모 유입정책을 추진한다. 세계에 흩어졌던 유대인들은 자신들이 그토록 원했던 '독립 국가'를 갖게 됐다. 뿐만 아니라 이스라엘로 돌아가 시민권을 받을 권리를 갖게 됐다. 귀환법 제정을 계기로 당시 유대인들은 공항에 도착하면 바로 시민권을 얻게 됐다.

이러한 귀환법은 유대인의 정의를 대폭 확대시켰다. 즉 과거 어머니가 유대인이거나 유대교를 믿는 사람에서 유대인의 배우자, 유대인의 직계 존비속과 그 배우자까지 확대된다. 2015년 마크 저커버그와 부인 프리실라 챈Priscilla Chan 사이에 딸 맥스Max가 태어난다. 이들은 딸의 탄생을 기뻐하며 페이스북 지분 99%약 52조 원의 기부의사를 밝혀 세상을 모두 놀라게 했다. 맥스가 만일 1950년 이전에 태어났다면 그녀는 유대인이 아니지만, 귀환법 제정으로 그녀는 유대인이고, 그녀의 자손들도 유대인이다.

그렇다면 유대인과 유대교는 같은 것일까? 다른 것일까? 정답을 말하면 같지 않다. 유대인은 부모 중 한 사람이 유대인인 경우 자신의 종교와 무관하게 유대인이다. 따라서 유대인 중에는 다른 종교로 개종하거나 또는 유대교가 아니라고 부정하는 경우도 있다. 이처럼 유대인 중에는 유대교를 믿는 유대인과 유대교를 믿지 않는 유대인이 있다. 인종적 관점에서 유대 민족과 아무런 상관없이 유대교로 개종한 유대인도 존재한다. 그렇다면 유대인인지 여부가 논란이 됐을 때 최종적 판단은 누가 할까? 이것은 랍비Rabbi의 몫이다. 유대인의 정체성에 논란이 있는 경우 랍비가 최종적으로 결정한다.

이제 유대교를 알아보자. 유대교란 유일신인 야훼 하나님을 섬긴다. 기독교와 이슬람교도 유일신을 섬긴다는 측면에서 유대교와 구분이 안 된다. 그러나 유대교를 믿는 사람들은 자신들이 하나님으로부터 선택받은 민족이라는 선민사상을 가지고 있다. 또한 이들은 예수를 메시아로 인정하지 않는다. 대신 유대인은 구세주가 앞으로 도래할 것이라 믿는다. 이들은 하나님의 율법을 지켜 하나님의 미완성 국가를 함께 만들고자 한다. 유대교는 예수를 메시아로 인정하지 않기 때문에 《신약성경》을 인정하지 않는다. 대신 유대교에서는 《구약성경》, 즉 《토라》와 《토라》에 대한 해설을 집대성한 《탈무드》가 경전의 역할을 한다.

기독교와 이슬람교 등 다른 유일신교와 달리 유대교에는 종교 내 종단이나 교구가 없다. 카톨릭의 성당과 신부, 기독교의 교회와 목사, 불교의 사찰과 스님 등 일반 종교에서는 종교적 행사를 하는 공간과 종교의식을 주재하는 성직자가 존재한다. 그러나 유대교에는 예배를 드리는 장소와 성직자가 존재하지 않는다. 대신, 유대인 공동체에는 각자 기도를 할 수 있는 회당시나고그, Synagogue과 《토라》와 《탈무드》에 대해 학식을 갖춘 성직자가 아닌, 일반인인 랍비가 있을 뿐이다.

유대교를 얼마나 철저히 믿고 따르느냐에 따라서도 유대교를 분류할 수 있다. 현대 유대교는 정통파Orthodox, 보수파Conservative, 개혁파Reform 등 세 개 파로 나누어진다. 정통파 유대인은 전체 유대인의 10% 정도를 차지한다. 이들은 우리가 흔히 유대인 하면 떠오르는 상징인 검은 복장에 검은 모자를 쓰고 덥수룩한 수염을 기른다. 이들은 전통 의식과 전통 축제를 지키면서 엄격한 종교생활로 유대교 율법을 준수한다. 《토라》와 《탈무드》를 쉼 없이 읽고 때로는 예시바Yeshivah에서 공부하기도 한다.

보수파 유대인은 전체 유대인의 30% 정도를 차지하며 정통파와 개혁파의 중간 입장을 취한다. 이들도 엄격하지는 않지만 회당에서 《토라》와 《탈무드》를 공부하고, 종교생활을 행한다. 개혁파 유대인은 60%로 가장 많은 비율을 차지한다. 이들은 전통과 율법을 지키려는 노력보다는 현대의 문제들에 더 많은 관심을 갖고 있으며, 종교생활도 하지 않는다. 이 밖에 아주 소수이기는 하지만, 극단주의 유대교로 하레디Haredi란 유대인들이 있다. 이들은 한마디로 유대교판 이슬람 극단주의라고 할 수 있다. 세속 사회를 경멸하고, 타민족과 타종교를 멸시하며, 유대교 율법만을 극단적으로 지키려는 경향이 있다.

그렇다면 전 세계 77억 명 가운데 유대인은 과연 얼마나 될까? 전 세계 유대인 수는 대략 1,500만 명으로 알려졌다. 국가별 분포를 살펴보면 미국에 650만 명으로 유대인 국가인 이스라엘 630만 명보다 조금 더 많다. 미국과 이스라엘에 세계 유대인의 80%가 집중되어 유대인 파워를 과시하고 있다. 미국과 이스라엘 외 지역으로 유럽에 240만 명, 캐나다 40만 명, 아르헨티나 18만 명, 브라질 10만 명 등 전 세계 130여 개국에 흩어져 살고 있다.

민족적 관점에서 유대인을 살펴보면 오늘날 유대인은 4대 분파로 나누어진다. 유대인의 80%를 차지하는 아슈케나지Ashkenazi 분파 외에 세파라디Sephardi, 동방 유대인, 예멘 유대인이 그러하다. 아슈케나지 유대인은 본래 독일에 거주하는 유대인을 지칭한다. 하지만 오늘날 아슈케나지의 대부분은 디아스포라Diaspora 과정에서 러시아, 우크라이나, 헝가리, 폴란드, 체코, 루마니아 등 중·동구계 유럽인들과의 혼혈인 유대인이다. 한편, 세파라디는 지중해 일대의 유대인으로 초기 유대 민족인 셈Semite족에 가까워, 혈족 개념에서 본다면 가장 정통 유대인이라고 할 수 있다.

유대인은 누구인가라는 유대인의 정체성을 규정하는 것은 쉬운 일은 아니지만, 간단히 정리하면 유대교를 믿는 사람은 혈족·국적과 상관없이 유대인이지만, 유대인이라고 모두 유대교를 믿는 것은 아닌 것만은 확실하다.

유대인 이해의 첫걸음, 《토라》와 《탈무드》

유대인은 수천 년동안 고난과 박해 속에서 살아왔다. 이들은 자신들의 언어인 히브리어를 2,000여 년 동안 잃어버렸다. 언어도 없이 전 세계에 흩어져 그토록 오랫동안 생활을 하면서도 어떻게 자신의 정체성을 지켜낼 수 있었을까? 《토라》와 《탈무드》가 바로 그 비밀의 해답이다. 유대인은 사는 곳이 다르고, 민족의 언어인 히브리어도 잃어버렸지만, 하나님이 주신 규율인 십계명을 비롯한 《토라》를 지켜냈다. 유대인이 《토라》를 지켜온 것이 아니라, 《토라》가 유대인을 지켜온 것이다.

《토라》는 모세로부터 탄생한다. 하나님은 모세를 시나이 산으로 불렀다. 오늘날 이집트와 이스라엘 사이에 있는 시나이 산은 유대인의 선조 아브라함이 이삭을 하나님에게 제물로 바치려 한 곳이기도 하다. 하나님은 시나이 산에서 모세에게 십계명과 유대교에서 가장 중요하게 여기는 5권으로 된 《토라》를 줬다. 이때 하나님은 쉽게 《토라》를 주지 않았다. 하나님은 《토라》를 내어줄 때 보증인을 요구했다. 이스라엘 백성이 선조와 선지자들을 보증인으로 하겠다고 했을 때 하나님은 번번이 거절했다. 그리고 마침내 유대인이 자신의 자녀를 보증인으로 하겠다고 제안하자 하나님은 "너희가 자녀를 내게 바쳤기 때문에 나의 《토라》를 너희에게 주노라"라고 마침내 허락했다.

신의 위대한 선물인 《토라》는 일명 '모세오경'이라 불린다. 모세오경은 《구약성경》의 창세기, 출애굽기, 레위기, 민수기, 신명기를 말한다. 창세기는 우주 만물의 시작과 기원의 기록이다. 출애굽기는 모세가 애굽에서 노예 생활을 하던 유대인을 탈출시킨 이야기다. 레위기는 유대인의 종교의식과 일상생활에서 지켜야 할 규정이 담겨 있다. 신명기는 하나님 자녀로 유대인이 지켜야 할 율법에 대한 모세의 설교다. 민수기는 약속의 땅 가나안을 향해 가는 과정에서 유대인이 겪은 고난의 기록물이다. 《토라》 중 《토라》 두루마리는 사람이 직접 양피지에 한 자 한 자 쓰기 때문에 그 가격이 매우 비싸기로 유명하다. 유대인 가정이 아무리 가난해도 《토라》 두루마리를 파는 것은 금기시됐다. 이처럼 유대인에게 《토라》는 신성하고 중요한 물건이다.

《토라》에는 다양한 이야기가 담겨 있지만, 유대인이라면 반드시 지켜야 하는 율법이 본질적인 부분이다. 이 책에는 유대인이 살아가면서 지켜야 할 613개의 율법이 자세히 적혀 있다. 신기하게도 이 613개의 율법 중 금기하는 행위는 1년의 날 수와 동일한 365개다. 뿐만 아니라 유대인으로 마땅히 해야 할 행위는 인간의 뼈와 장기를 모두 합한 숫자인 248과 같다. 《토라》의 율법 수가 1년 365일 시간의 개념과 일치하고, 인간을 지탱해주는 뼈와 장기의 수와 일치는 것은 시간과 무관하게 인간의 삶을 유지하는 근본적인 것임을 알 수 있다.

《더 탈무드》의 저자 노먼 솔로몬Norman Solomon은 "《성경》이 태양이라면 《탈무드》는 그 빛을 반사하는 달이다"라고 말했다. 이처럼 《탈무드》는 유대인이 《토라》 다음으로 중요시 여기는 책이다. 《탈무드》는 히브리어로 '위대한 배움'을 의미한다. 《탈무드》는 5~7세기 무렵 당대의 현자인 랍비들이 토론하는 과정에서 법률, 윤리, 역사 등 다양한 분야에 대한 통찰의 기록물이다. 이처럼 유대인의 정신적 지주 역할을 한 《탈무드》는 만들어진 지역에 따라 두 가지 종류가 있다. 팔레스타인에서 나오고, 4세기 말경에 편찬된 예루살렘 《탈무드》와 메소포타미아에서 나오고, 6세기경까지 편찬된 바빌론 《탈무드》가 그것이다. 서기 400년경에 만들어진 예루살렘 《탈무드》는 로마군의 점령으로 소멸되어, 현재 남아 있는 《탈무드》는 바빌론 《탈무드》다. 《탈무드》의 분량은 63권, 1만 2,000쪽 분량의 방대한 책이다.

《탈무드》는 두 부분으로 나누어진다. 첫 번째 부분은 《토라》에 대한 설명으로 '할라카Halakhah'가 이에 해당한다. 히브리어로 할라카는 '걷는 방법'을 의미하며, 할라카는 《탈무드》 전체의 3분의 2

정도 분량이다. 할라카는 제사, 예술, 건강, 식사, 인간관계, 대화 등 모든 생활을 규정하고 있다. 나머지 부분은 조상들의 지혜가 담겨 있는 '하가다Haggadah'다. 히브리어로 하가다는 '이야기설화'를 의미한다. 우리가 흔히 알고 있는 한 권으로 된 《탈무드》는 바로 설화 이야기인 하가다를 편집한 것이다.

《탈무드》의 처음과 마지막 페이지는 백지로 비어 있다. 한국에서도 널리 알려진 율법 스승인 마빈 토케이어Marvin Tokayer는 그 이유에 대해 이렇게 말한다.

"우리는 항상 중간과정에 있으며 《탈무드》를 공부하는 데 따로 시작이 없습니다. 또한 당신의 삶에서 얻은 지식과 경험으로 《탈무드》를 계속 채워 나가라는 의미입니다. 아무리 뛰어난 지혜라도 매일 새로운 삶으로 채워지지 않으면 의미가 없기 때문입니다."

이처럼 유대인은 평생에 걸쳐 《탈무드》를 공부하며, 스스로 해석해 《탈무드》의 의미를 완성해나간다. 《토라》와 《탈무드》는 유대인의 삶과 인생의 중요한 의식에 늘 함께해왔다. 유대인은 자녀가 2살이 되면 《토라》를 읽어준다. 매일 저녁 자녀가 잠들기 전에 15분에서 20분 읽어주는 책이 바로 《토라》다. 자녀가 성인식을 치를 때, 성인식을 축하하러 참여한 많은 친척들 앞에서 자녀는 히브리어로 된 《토라》의 한 부분을 읽는다. 이를 위해 유대인 자녀는 1년 전부터 히브리어를 익힌다. 유대인 자녀가 성장하고 결혼해 한 가정을 이루게 되면, 신랑은 1년 동안 직장을 다니지 않고, 아버지학교에서 《탈무드》를 공부할 수 있다. 신랑의 《탈무드》 공부에 필요한 지원을 국가가 지원해준다. 한편, 매주 있는 안식일에 유대인은 어떠한 일도 하지 않고, 오로지 가족과 함께하며 《토라》와 《탈무드》를 읽는 데 집중한다.

《토라》와 《탈무드》가 유대인 가정에 얼마나 중요한지, 유대인 가정의 거실을 보면 알 수 있다. 유대인 가정에는 TV가 없고, 책으로 가득한 책장들로 둘러싸여 있다. 유대인 책장은 우리 가정의 책장과 확연히 다르다. 유대인의 책장에는 오랫동안 볼 수 있는 하드커버로 된 《토라》와 《탈무드》나 랍비들의 저서들이 대부분이다. 물론 어린아이용 《토라》와 《탈무드》도 있다. 유대인 부모는 아이가 성인식을 치르면 원전을 읽히되, 내용이나 단어가 어려워도 그대로 가르친다. 아이의 수준에서 《토라》와 《탈무드》를 이해하도록 하는 것이다. 자녀가 자라면서 경험과 지혜가 쌓이면 자연스럽게 《토라》와 《탈무드》의 이해의 폭도 넓혀간다.

이처럼 유대인은 평생 《토라》와 《탈무드》와 함께한다. 평균적으로 유대인은 《토라》를 1년에 한 번씩, 《탈무드》는 7년 반에 한 번씩 읽는다. 평생에 걸쳐서 같은 책을 반복해서 읽고, 공부한다. 《토라》와 《탈무드》 공부에 대해 이스라엘과 팔레스타인의 평화 공존을 이끌어낸 공로로 노벨평화상을 수상한 이스라엘 대통령 시몬 페레스Shimon Peres는 이렇게 말했다.

"《탈무드》는 절대 단순한 문답을 하지 않는다. 하나의 질문은 열 개의 추가 질문으로 이어진다. 판단을 내릴 때 사물을 더 깊이 보고, 더 정교하게 생각하는 나의 방식은 《성경》과 《탈무드》로부터 나왔다. 나는 전 생애를 통틀어 항상 이 책의 가르침을 깨닫고 있다."

반유대주의자이자 미국 저명한 소설가 마크 트웨인Mark Twain은 한 잡지에서 수천 년간 유대인이 멸망하지 않고 살아남은 불멸의 비밀로 《토라》와 《탈무드》, 그리고 이것에 대한 가르침을 꼽았다. 유대인은 평생 《토라》와 《탈무드》를 배우고, 자식에게 자신의 지혜와 경험을 보태어서 전수해온 것이다. 아브라함 이후 자손들을 통한 5000년 동안의 지혜와 경험이 《토라》, 《탈무드》와 함께 지금도 만들어지고 있다. 유대인의 지혜는 《토라》와 《탈무드》가 유대인과 함께하는 한 세대를 거듭하며 앞으로도 진화하고 발전할 것이다.

그런데 우리나라 부모에게 《토라》와 《탈무드》를 평생 읽고 공부하라고 하면 어떨까? 상상하기 어려운 일이다. 유대인의 《토라》와 《탈무드》 평생 교육을 보면 유대인 교육의 본질을 읽을 수 있다. 《탈무드》 비유에 '바로 가는 먼 길'이라는 것이 있다. 바로 가는데 왜 먼 길을 가는 것일까? 우리들 시각에서는 《토라》와 《탈무드》를 평생 읽고 공부하는 것이 직진하지 않고 멀리 돌아가는 것처럼 보인다. 그러나 유대인이야말로 《토라》와 《탈무드》를 평생 공부하면서 돌아가는 듯 보이지만, 정작 지혜의 지름길을 가고 있는 것이다.

우리나라도 유대인의 《토라》와 《탈무드》 평생학습법에서 지혜를 얻을 수 있다. 자녀에게 매번 다른 책을 읽히기보다 같은 책을 반복해서 함께 읽고 대화하는 것이다. 자녀가 '돌아가는 지름길'을 걷고 있는 것을 확신하게 될 것이다.

유대인 공동체 문화, 시나고그와 랍비

유대인은 공동체 의식이 남다르다. 로마에 의해 이스라엘이 멸망당한 후 1948년 이스라엘 독립 국가의 건국까지 유대인은 유럽 등 각지에 흩어져 살아야 했다. 내 나라가 없이 산다는 것은 어떤 의미일까? 식민지 국가도 국가를 전제로 한다. 그러나 유대인에게는 국가가 존재하지 않았다. 이들이 믿고 의지할 곳이라고는 자신의 가족, 더 나아가 공동체가 전부였다. 수천 년동안 가족과 공동체에 의지해 살아온 이들에게 공동체는 국가나 다름없는 울타리다.

유대인은 전 세계에 흩어져 살았지만 같은 날, 같은 시간에 같은 페이지의 《탈무드》를 읽었다고 한다. 이것이 과연 어떻게 가능했을까? 전 세계 유대인을 하나로 묶어 준 것은 바로 유대인이 만든 디아스포라 규칙이다. 디아스포라 규칙은 모두 일곱 가지다.

1. 유대인이 노예로 끌려가면 인근 유대인 공동체가 7년 안에 몸값을 지불하고 데려온다. 유대인은 유난히 노예 생활을 많이 했다. 이집트에서 400년 노예 생활, 바빌론 유수기 등 포로와 노예가 일상이었던 유대인 공동체에게 동족을 구하는 것은 가장 중요한 규칙이었다.

2. 기도문과 《토라》 독회를 통일한다. 비록 유대 민족은 전 세계에 흩어져 살지만, 매일 같은 기도문을 외우고, 같은 《토라》를 공부했다. 이를 통해 유대인은 나라와 통치자가 없이도 자신들이 하나의 민족공동체라는 정체성을 수천 년동안 유지할 수 있었다.

3. 성인식을 치른 남자가 10명 이상 모이면 반드시 하나님께 예배를 드린다.

4. 성인 남자 120명이 넘는 경우 유대인 공동체센터를 만든다. 유대인은 공동체센터를 중심으로 하나님이 내려주신 수천년간 지켜온 율법을 준수해왔다.

5. 공동체 사회 내에 독자적인 세금제도를 만들어 공동체가 속한 국가의 지원을 받지 않도록 한다. 뿐만 아니라 언제든지 닥칠 수 있는 위기에 대비해 공동체는 비상자금을 준비해놓았다.

6. 공동체 안에 교육을 받지 못할 정도의 가난한 유대인을 방치하지 않는다. 가난하다고 공부를 못하게 하는 것은 율법에 어긋나는 일이기 때문이다. 가난한 유대인은 율법에 따라 유대인 공동체에 도움을 요청할 권리가 있다. 또한 유대인 공동체는 이들을 도와줄 의무가 있다.

7. 유대인 공동체가 속한 나라와 무관하게 자체적으로 유대인 자녀 교육기관을 만들어 운영한다. 또한 유대인은 인재 양성을 위한 장학제도를 오래전부터 운영해왔다. 유대인은 기원전 78년 살로메 알렉산드라Salome Alexandra 여왕 때 학교를 세워 세계 최초의 무상 교육을 실시했다. 이스라엘은 건국 후 이듬해에 3살 유치원부터 18살 고등학교까지 무료로 공부할 수 있는 의무 교육제도를 도입했다. 교육의 민족에게 이는 어쩌면 당연한 일이다. 《탈무드》에 이런 말이 있다.

"만일 부모가 자녀를 올바르게 교육시키지 못했거나 그런 환경을 마련해주지 못했다면, 자녀가 잘못을 저질렀을 때 그 죄를 자녀 혼자서만 책임지게 할 수 없다."

교육에 대한 유대인 공동체의 연대책임이 얼마나 무거운지가 잘 나타나 있다. 유대인의 공동체 의식은 가족 공동체에서도 쉽게 찾아볼 수 있다. 가족 구성원이 결혼을 하거나 또는 사업차 출장 등으로 가족과 떨어져 있는 경우, 유대인은 식사할 때 자리에 없는 가족의 식기를 함께 준비한다. 식사 때마다 멀리 있는 가족을 잊지 않고 생각하는 것이다. 이러한 남다른 가족 공동체 정신은 민족 공동체 정신으로 확장된다. 유대인 공동체에서는 '유대인 거지는 없다'는 말이 있다. 뿐만 아니라 유대인은 모두 형제이기 때문에 '형제처럼'이라는 말이 없다고 한다. 공동체 안에서 이미 형제이고, 형제로서 도와주기 때문이다. 유대인의 남다른 공동체 정신은 유대 사회의 협동심과 단결력을 키운 원동력이다.

유대인의 이러한 가족 공동체, 민족 공동체 정신은 비즈니스 성공에서 그 진가를 발휘한다. 유대인은 어느 민족보다 창업률이 높다. 창업을 하게 되면 형제나 가족이 먼저 참여한다. 먼 지역이나 다른 나라와 비즈니스를 할 때 그 지역의 친척 형제들과 함께 한다. 사업이 더 번창하면 유대 민족을 참여시킨다. 이처럼 유대인은 동족을 대가족으로, 형제로 생각한다. 유대인은 유대교를 믿는 신앙 공동체이자 가족 공동체인 것이다.

유대인 공동체 중심에는 어김없이 회당시나고그과 랍비가 있다. 시나고그는 예배당이자, 《토라》와 《탈무드》를 공부하는 배움의 장소로 유대인 공동체를 하나로 모은 구심점이다. 시나고그의 역사적 탄생 배경에는 바빌론 유수가 있다. 예루살렘 성전이 파괴되자 유대인은 하나님이 주신 율법을 성전이 아닌 생활 안에서 지켜왔다. 시나고그는 제사장들의 전유물인 성스러운 성전이 아니다. 유대인이 지역 사회에서 생활하면서 율법을 실천하는 친근한 일상의 장소다. 이로써 유대교는 마침내 성전과 제사장 중심의 종교가 아닌, 회당과 랍비 중심의 생활 종교로 바뀌게 됐다.

시나고그에는 유대인 특유의 복지 공동체가 숨 쉬고 있다. 가난한 유대인을 위한 '쿠파kuppah' 모금함 운영이 그러하다. 세계 모든 시나고그에는 이런 광주리 모금함이 항상 있다. 쿠파는 마치 화수분처럼 절대 비는 일이 없다. 유대인의 쿠파 모금은 자발적인 것에 한하지 않는다. 유대인은 음식기금, 의복기금, 장례기금 등 다양한 기금을 정해진 개월 수에 따라 기부해야 한다. 이러한 기부 의무는 동족인 유대인을 위한 것이 원칙이지만, 다른 민족을 위한 모금도 있는데, 이를 '탐후이Tamhui'라고 한다.

모든 유대인은 율법에 따라 가난한 유대 민족을 도울 자선의 의무가 있다. 또한 가난한 유대인은 누구라도 쿠파에서 일주일 치 생활비를 가져갈 권리가 있다. 그래서 아무리 가난해도 유대인은 끼니 걱정을 하지 않고, 《토라》와 《탈무드》를 공부할 수 있었다. 아무리 가난해도 공부할 수 있도록 상호 부조하는 정신, 이것이 바로 교육의 민족, 유대인 공동체 정신이다.

랍비는 '나의 선생님' 또는 '나의 주인님'을 의미한다. 랍비라는 용어는 1세기경 보편화됐고, 이후 유대교의 지도자 제도로 정착된다. 고대 유대에서 랍비를 양성하는 율법 학교인 예시바에서는 각 학년에 대한 학생 명칭이 따로 있었다. 1학년을 '현자', 2학년을 '철학자', 그리고 최고 학년인 3학년을 비로소 '학생'이라 불렀다. 가장 높은 지위에 올라도 겸손한 자세를 유지해야 하며, 오랜 시간 율법을 공부해야만 비로소 학생이 된다는 생각에서라고 한다.

랍비는 성직자가 아닌 일반인이다. 직업도 있고, 가족도 있다. 랍비는 유대인 지역공동체를 이끄는 지도자이자, 어려운 분쟁이 생길 때 지혜롭게 해결하는 재판관 역할도 마다하지 않는다. 유대인 자녀가 질문을 해서 아버지가 답을 못하는 경우, 학교 선생님을 찾고, 학교 선생님도 답을 못하는 경우 최종적으로 랍비를 찾아간다. 이처럼 랍비는 지역 사회의 최고 지성인이자 현자다. 이러한 이유로 유대인은 랍비를 최고로 존경한다. 전 세계 모두가 부러워하는 노벨상 수상자보다 유대인이 더 존경하는 인물이 바로 랍비다. 이들은 똑똑한 자녀일수록 랍비 학교를 나와 랍비가 되기를 소원한다. 유대인 가정에서 랍비의 탄생은 가문의 영광인 것이다.

유대인은 '공동체 안에서 활동하고 성장할 때 진정한 유대인'이다. 가족 공동체, 그리고 지역 사회 유대인 공동체의 의무와 책임을 통해서 유대인으로 길러진다. 인간은 혼자 성장할 수 없다. 가족 안에서 그리고 일가친척 공동체 안에서 자신이 기대 받는 역할을 수행하며 서로 협력할 때 비로소 제대로 성장한다. 핵가족으로 형제가 줄어들고, 그나마 있는 형제들도 자주 만나지 않아 가족 공동체 의식은 날로 사라지고 있다.

자녀의 올바른 공동체 의식을 위해 희미해지는 공동체 정신을 복원해보자. 형제자매가 있다면 매월 또는 격월로 정례적인 가정 식사모임을 가져보자. 형제자매가 없다면 4촌 형제자매로 확대할 수 있다. 또래 자녀가 있다면 더욱 좋다. 아이는 또래 아이와 또는 친척 형, 누나, 언니, 오빠 사이에서 특별한 유대감을 느끼게 될 것이다. 어린 시절 함께한 사촌 간 또래와 형제자매는 분명 미래 비즈니스 성공에 든든한 우군이자 동업자가 될 것이다.

2000년 만에 되살린 유대인의 언어, 히브리어

유대인이 20세기 초까지 약 2000년 동안 잃어버렸던 민족의 언어, 13세기경 에스파냐 국왕이 이 언어로 된 책을 지녔다고 유대인을 사형시켰던 언어, 수많은 유대인이 고난과 박해에도 목숨을 잃어가며 지킨 언어, 전 세계 유대인이 자신의 정체성을 지키기 위해 이스라엘로 배우러 오는 언어, 노벨문학상을 배출한 언어, 이것은 바로 히브리어와 이디시어다.

요즘 젊은이들의 이야기를 듣다 보면 모르는 단어가 한둘이 아니다. 분명 한국어로 이야기하는데 도대체 무슨 말인지 모를 때가 많다. 카톡으로 이어지는 내용은 이보다 더 심하다. 수시로 바뀌는 아이들의 언어를 따라가기도 버거울 때가 많다. 딱히 누구의 탓이라고 말할 수는 없지만, 마음 한쪽 안타까움이 드는 것은 피할 수 없다. 한 민족의 언어는 그 민족의 정신이고, 혼이 담겨 있다. 이토록 중요한 언어를 하찮게 여기는 세태 때문이다.

유대인은 어떨까? 유대인의 언어는 히브리어다. 히브리어는 유대인만 사용한 언어가 아니다. 고대 히브리어는 유대인의 선조 아브라함이 살았던 당시 가나인 지역의 사람들이 사용한 언어다. 이 가나안 지역에서 해상무역을 활발하게 했던 페니키아인들이 사용한 페니키아어와 히브리어는 철자와 발음이 유사해 서로 의사소통이 가능했다고 한다. 유대 왕국이 멸망하고 민족이 흩어지면서 유대인은 민족의 언어인 히브리어도 잃어버렸다.

이런 와중에 기독교가 서구 사회의 중심 종교로 자리 잡으면서 기독교의 구세주 예수를 부정한 유대인은 온갖 박해를 받게 된다. 13세기경 에스파냐 국왕은 유대인의 상징인 히브리어로 된 책을 가지고 있는 유대인들을 이교도로 몰아 집단적으로 사형시키기도 했다. 이러한 반유대주의에 기초한 박해는 이후에도 계속됐다. 언어를 말살시켜 민족을 없앨 수 있다는 생각은 이미 오래전부터 있어 왔다. 그렇게 히브리어는 2000년 동안 유대인의 일상 삶에서 사라져 역사 속에 잠들어 있었다.

2000년간 잠들어 있던 히브리어를 살려낸 것은 뜻밖에도 한 유대인 의학도였다. 19세기 프랑스에서 공부하던 의학도 엘리제르 벤 예후다Eliezer Ben-Yehuda는 히브리어를 잃어버렸다는 사실을 깨달았다. 그는 히브리어를 살려야 유대 민족국가를 만들 수 있다는 강한 신념을 갖고 있었다. 그와 그의 아들은 2000년 만에 히브리어를 부활시켰다. 2000년의 시간이 흐르는 동안 생활이 달라지고 기술이 발전하면서 엄청난 단어와 용어들이 새롭게 생겨났다. 새롭게 만들어진 용어들을 모두 히브리어로 바꾸는 일은 상상을 초월할 만큼 힘든 일이었다. 그러나 벤 예후다와 그의 아들은 포기하지 않았고, 마침내 16권의 《히브리어 대사전》을 발간했다. 이들이 기울인 불굴의 노력 덕분에 히브리어는 1922년 11월 유대 국가의 국어로 공식 선포됐다.

한 가정의 아버지와 아들이 2000년 동안 잠들어 있던 히브리어를 현대 히브리어로 마침내 부활시켰다. 민족의 언어를 살려야 민족이 영속할 수 있다는 그들의 믿음이 만들어낸 결과물이다. 벤 예후다의 정신은 유대인 모두의 정신이었다. 유대인은 해외에 살더라도 히브리어 학교에 다닌다. 민족의 언어를 잊지 않기 위해서다. 또한 세계 각국에서 유대인은 히브리어를 배우기 위해 이스라엘에 온다. 이들 가운데는 해외에 사는 백발의 유대 노인들도 있다. 유대인은 히브리어를 모르는 것이 부끄러운 것이지, 나이 들어 배우는 것은 부끄러운 일은 아니라고 생각한다.

1922년 유대인들이 히브리어를 유대 국가 언어로 선포하기 전에 세계 각국의 유대인은 어떤 언어를 사용했을까? 12세기 무렵부터 유대인은 일반인과 섞여 생활하지 못하게 됐다. 게토Ghetto의 시대가 시작된 것이다. 게토 지역에는 프랑스 유대인, 영국 유대인, 아랍 유대인, 폴란드 유대인 등 다양한 언어들이 뒤섞이게 된다. 이 중 독일지역 게토를 중심으로 생긴 유대인의 고유어가 이디시어Yiddish다. 이 언어는 아슈케나지 유대인들이 사용하는 대표적인 언어다. 이디시어는 아슈케나지 유대인들이 중심으로 사용한 언어지만, 단순한 생활 언어 이상의 이미를 가졌다. 《변신》으로 유명한 세계적인 소설가 카프카Kafka는 이디시어 연극과 작품에 심취해 이디시어로 작품 활동을 했다.

우리나라도 일제 강점기 기간에 언어를 잃어버린 적이 있다. 그러나 우리나라의 한글과 히브리어는 사뭇 다르다. 우리나라는 학교에서 일본어를 사용하고 가르쳤을 뿐 일상적인 생활에서 한글을 빼앗긴 것은 아니기 때문이다.

자녀와 함께 유대인의 언어인 히브리어와 우리의 글인 한글에 대해 이야기를 나눠보자. 자녀에게 유대인이 어떻게 히브리어를 2000년 만에 되살려 국어로 만들었는지 이야기를 들려주자. 우리나라 또한 일제 강점기 시기에 한글을 배우지 못한 경험도 자녀에게 알려주자. 모국어를 갖는다는 것이 얼마나 소중한 것인지, 또한 모국어를 바르게 사용한다는 것이 무엇을 의미하는지, 이해하기가 쉽지는 않다. 그러나 고통의 역사가 되풀이되지 않기 위해 우리 아이들도 반드시 알아야 할 이야기다.

단재 신채호 선생은 "역사를 잊은 민족에게 미래는 없다"고 일찍이 말씀하셨다. 자신의 모국어를 사랑하지 않는 사람이 나라를 사랑할 리 없다. 우리말과 글을 사랑하고, 더 나아가 이웃과 나라를 생각하는 대한민국의 인재로 자녀를 만들어보자. 유대인의 고난과 히브리어의 부활에 대해 자녀와의 대화는 그 첫걸음으로 충분하다.

유대인의 역사, 아브라함부터 중동전쟁까지

믿음의 조상 아브라함, 하나님과 첫 번째 계약을 맺다

유대인의 역사는 유대인의 시조 아브라함과 그의 아들 이삭으로 시작된다. 아브라함은 수메르 문명이 번창했던 우르라는 지역에서 돌을 깎는 기술자였다. 그는 당시 만연했던 우상숭배를 배척했다. 아브라함은 유일신에 대한 존재를 인식한 최초의 인류였다. 하나님은 아브라함에게 이렇게 말했다.

"너는 네가 살고 있는 땅과 너의 아버지의 집을 떠나라. 내가 너로 큰 민족이 되게 하고, 너에게 복을 주어서 네가 크게 이름을 떨치게 하겠다. 너는 복의 근원이 될 것이다."

하나님은 아브라함을 선택하고 그로 인해 한 민족을 이루겠다고 했다. 이것이 바로 유대인의 선민사상이다. 이어 하나님은 아브라함의 믿음을 시험한다.

"너의 사랑하는 아들, 이삭을 나에게 제물로 바쳐라!"

아브라함의 나이 100살에 귀하게 얻은 아들, 이삭을 제물로 바치라는 하나님의 명령에 아브라함은 망설임 없이 하나님의 명령을 따른다. 그런데 이삭을 제물로 바치려는 순간, 천사가 말했다.

"아브라함아, 아브라함아! 그 아이에게 손을 대지 말아라! 네가 너의 외아들까지도 아끼지 않았으니 네가 하나님을 두려워하는 줄 알았다."

아브라함이 믿음의 조상이 된 이유다. 하나님에 대한 믿음은 이삭도 다르지 않았다. 제물로 자신을 하나님께 바치려는 아버지의 뜻을 따랐기 때문이다. 유일신 하나님은 유대인과 두 번의 계약을 맺는다. 첫 번째가 아브라함과 하나님과의 계약이다. 아브라함이 평소처럼 기도하는데 하나님이 명령했다.

"3년 된 암소와 3년 된 염소, 그리고 3년 된 수양, 산비둘기, 집비둘기 새끼 한 마리씩을 산 채로 잡아 제단에 바치라."

아브라함이 제단을 쌓고 제물을 명령한 대로 바치자, 하나님은 두 가지 영원한 계약을 선포했다. 첫째, 아브라함과 자손들이 대대손손 하나님만을 섬긴다. 둘째, 하나님의 명령을 따르면 민족의 번창을 누린다. 아브라함은 하나님과 최초의 계약을 맺게 되고, 유대인을 계약의 민족이라 부르는 이유가 바로 여기 있다.

유대 민족을 이집트로부터 구하고 《토라》를 받은 모세

유대인은 400년 동안 이집트에서 노예 생활을 했다. 세계적으로 유명한 이집트 성전이 바로 유대인 노예들이 지은 건축물이다. 흥미로운 것은 신전 주변에 돌이 없어 유대인 노예들은 멀리 '아스완'이라는 지역에서 신전을 위한 모든 돌을 운반해야 했다. 그런데 수백 년의 비참한 노예 생활에서 유대인을 구한 사람이 등장한다. 바로 모세다. 유대 민족의 영웅 모세는 기원전 13세기경 인물로 추정된다. 모세의 뜻은 '강물에서 건진 아이'다.

당시 유대인 중에 갓 태어난 사내아이를 모두 죽이라는 파라오의 서슬 퍼런 명령에도 모세의 어머니는 따르지 않고, 갈대 바구니에 아기 모세를 담아 나일강에 흘려보낸다. 때마침 나일강에 있던 이집트의 공주 덕에 모세는 목숨을 건지고 왕궁에서 자라났다. 성인이 된 모세는 유대인을 괴롭히던 이집트인을 살해하고, 광야에 도피해 80살이 되던 해, 호렙 산에서 유대 민족을 이집트의 노예 생활로부터 구하라는 하나님의 음성을 듣는다.

유대인을 해방하라는 모세의 요구를 거절한 이집트의 파라오는 열 가지 재앙을 받고서야 비로소 유대인을 풀어준다. 그러나 파라오는 뒤늦게 변심해 모세와 유대인들을 뒤쫓으라고 하고, 모세는 홍해의 기적으로 파라오의 군사들을 물리치고 민족을 구한다. 이후 시나이 산에서 하나님은 모세에게 십계명과 《토라》를 내려줬다. 이것이 바로 두 번째 하나님과의 계약이다.

유다 왕국의 멸망, 바빌론 유수기, 1차 방랑 시작

북이스라엘이 먼저 멸망한 후 남쪽의 이스라엘 왕국, 즉 유다 왕국은 바빌로니아에 저항하다 결국 기원전 582년에 멸망한다. 이 과정에서 유대 민족은 두 차례에 걸쳐 바빌로니아에 포로로 끌려가는데, 이를 '바빌론 유수기'라 한다. 유다 왕국의 멸망과정에서 예루살렘 성전은 파괴되어 폐허가 됐다. 뿐만 아니라 당시 언약궤에 안치됐던 모세의 십계명 석판마저 소실된다. 대부분의 유대인은 바빌론의 포로로 잡혀가고, 남은 유대인은 목숨을 부지하기 위해 제각기 흩어진다. 기원전 582년부터 1948년 이스라엘 건국까지 이 기간을 '유대인 방랑의 시대'라 한다.

바빌론 포로 생활 과정에서 유대교는 '성전 종교'에서 일상에서의 '생활 종교'로 바꾸는 결정적인 계기를 맞는다. 성전의 소실은 유대인에게 충격 그 자체였다. 이러한 유대인에게 선지자 예레미야Jeremiah와 에스겔Ezekiel은 이렇게 말했다.

"성전에 제물을 바치는 것보다 믿음을 갖고 율법을 지키는 일이 하나님을 더 즐겁게 하는 길이다."

이것이 계기가 되어 유대교는 성전과 제사장 중심의 종교에서 유대인 개개인이 율법을 공부하고 지키는 율법 중심의 종교로 바뀐다. 이러한 종교적 큰 변화는 사제 없는 회당 시나고그의 탄생으로 이어진다.

로마에 의한 유대 멸망과 유대 학교 예시바 탄생, 디아스포라 시작

1차 유대-로마 전쟁66~70 당시 랍비 요하난 벤 자카이Yohanan ben Zakkai는 이번 전쟁에 따른 유대의 폐망을 예견한다. 그는 유대교를 유지해야 유대인이 존속할 수 있다고 믿었다. 그는 흑사병을 위장해 동족의 감시를 피해 예루살렘을 빠져나가 베스파시아누스Vespasianus 장군을 만난다. 그는 장군이 황제가 될 것을 예언하고, 작은 학교를 운영할 수 있도록 장군에게 간청한다. 69년 로마 원로원의 결정에 따라 베스파시아누스가 황제에 즉위하자, 황제는 자카이와의 약속을 지킨다. 이렇게 탄생한 것이 유대 학교 예시바다. 자카이는 예시바를 통해 랍비를 양성하고, 유럽 각 지역에 흩어진 유대 공동체에 랍비를 보낸다. 랍비들은 시나고그를 세우고, 율법을 가르쳐 유대교를 지켜냈다.

1차 유대-로마 전쟁으로 예루살렘이 점령됐으나 유대인의 저항은 여기서 끝나지 않았다. 끝까지 항전을 선택한 저항군 960명은 절벽 위 마사다 요새에서 10만 명의 로마 군대와 결사 항전한다. 절대적으로 열세였던 유대인 지도자 엘리에제르 벤 야이르Eliezer Ben Yair는 로마군에게 함락당하기 직전 저항군들에게 자살을 명한다. 자살은 율법에 위배되는 행위였다. 이 때문에 저항군들은 각자 자신의 가족을 죽인 뒤 열 사람씩 조를 짜서 제비 뽑기를 통해 한 사람이 나머지 아홉 명을 죽이게 된다. 최후의 한 사람만이 스스로 자결한다. 약 60년 뒤 바르 코크바Bar Kokhba의 반란이 계기가 된 2차 유대-로마 전쟁132~135에서 유대인들은 또다시 패망하게 된다.

두 차례에 걸친 로마와의 전쟁으로 유대인들은 자신의 나라를 완전히 잃는다. 전쟁에서 목숨을 잃은 유대인의 수가 각각 110만 명과 58만 명으로, 당시 유대 인구의 3분의 2 이상에 해당한다. 전쟁 후 살아남은 유대인은 로마에 노예로 잡혀가거나 전 세계에 뿔뿔이 흩어지게 된다. 이로써 2000년에 걸친 2차 유랑의 시대, 디아스포라가 시작된다. 이후 유대인은 국가가 아닌 신앙 공동체로, 랍비와 시나고그를 중심으로 율법을 공부하고, 지키면서 자신의 정체성을 유지한다.

게토의 탄생

게토는 격리된 유대인이 거주하는 지역을 의미한다. 1280년 모로코에서 회교도들이 유대인을 강제 이주시키면서 게토가 형성됐다. 그러나 당시만 해도 이를 게토라고 부르지는 않았다. 게토라는 용어를 처음 사용한 것은 1516년 이탈리아 베네치아다. 5세기부터 17세기경까지 유럽에서 유대인을 상대로 이뤄진 박해는 1789년 프랑스대혁명을 기점으로 누그러진다. 프랑스대혁명의 자유주의와 인본주의 사상의 확신이 게토 폐지의 계기가 됐다. 대혁명 후 8년 뒤 프랑스는 유럽에 최초로 게토를 폐쇄해 유대인은 거주의 자유를 누리게 된다.

홀로코스트 참상

1935년 제정된 '뉘른베르크 법'에 따라 유대인은 공민권을 박탈당했다. 유대인이 아닌 사람과의 혼인도 금지됐다. 3년 뒤 1938년부터 유대인은 가슴에 노란 표찰을 반드시 착용해야 했다. 나치 독일은 유대인의 소유권을 제한했다. 이때까지만 해도 유대인 박해는 학살에 이르지는 않았다. 1939년 나치가 폴란드를 점령하면서 유대인 박해의 패러다임이 바뀌었다. 히틀러Hitler는 폴란드 내 아우슈비츠를 포함한 5개 수용소를 건설한다. 그는 이곳에서 유럽

각 지역에서 데려온 유대인을 포함해 자신이 저주하는 인종을 몰살시키기로 결정한다.

유대인 몰살용 무기는 당시 군대에서 방충제로 사용된 자이클론비Zyklon B라는 독가스 물질이다. 유대인은 아우슈비츠 등 5개 수용소에서 독가스로 살해됐다. 국가별 유대인 희생자 수에 따르면 폴란드는 280만 명, 소련과 우크라이나가 150만 명 등 총 18개국에 거주하는 유대인 597만 명이 살해됐다. 인류 역사상 최대의 학살이 자행된 것이다. 홀로코스트 기간 동안 1933년부터 1945년까지 독일계 유대인 약 30여만 명이 미국으로 이민을 간다. 한 조사에 따르면 나치의 박해를 피해 독일계 유대인이 집단적으로 이주한 12년 동안1943년부터 1955년까지 화학, 의학, 물리 분야의 미국인 노벨상 수상자는 29명으로 늘어난 반면, 독일의 수상자는 5명으로 줄어들었다.

이스라엘 건국과 중동 전쟁

1915년 영국은 '맥마흔 선언'으로 팔레스타인 지역 내 아랍국가 건설을 약속하는 반면, 1917년 '벨푸어 선언'으로 같은 지역에 유대인 국가 건설도 동시에 약속했다. 이러한 복잡한 국제 정세 속에서 1947년 유엔은 팔레스타인을 분할해 유대인 국가와 아랍국가를 동시에 수립하는 내용을 골자로 하는 결의안을 채택했다. 한편, 이듬해 1948년 5월 14일, 유대인들은 벨푸어 선언을 근거로 유대 국가 수립을 일방적으로 선포한다. 이를 계기로 4차례의 중동 전쟁이 시작된다.

첫 번째 분쟁은 이스라엘 건국 하루 만에 일어났다. 1948년 5월 15일, 이집트 등 아랍 연합군은 이스라엘 건국에 반대하며 공격을 시작했다. 이스라엘 독립 전쟁이라 불리는 제1차 중동 전쟁 1945~1949은 미국과 유럽 강대국들의 지원에 힘입어 이스라엘의 승리로 끝났다. 이후 수에즈 전쟁으로 불리는 제2차 중동 전쟁1956과 안식을 지키기 위해 6일 만에 전쟁을 종료한 6일 전쟁인 제3차 중동 전쟁1967, 이스라엘이 굴욕을 당한 욤 기푸르Yom Kippur 전쟁이라 불리는 제4차 중동 전쟁1973 등 4차례의 중동 전쟁이 벌어졌다. 이 과정에서 이스라엘은 지속적으로 영토를 늘려 마침내 건국 당시보다 8배가 넘는 영토를 갖게 됐다.

유대인 성공의 비밀, 교육과 창업

유대인의 역사는 끊임없는 고난의 역사다. 400년 이집트 노예 생활, 바빌론에서 포로 생활과 저항, 로마와의 전쟁, 중세에서 게토 생활과 박해, 20세기 홀로코스트 등 끝이 없다. 이러한 핍박과 박해의 역사 속에서 유대인은 민족의 절반 이상의 몰살을 두 번이나 겪었다. 그러나 메소포타미아 시대 이후 바빌로니아, 로마 등 수많은 문명과 민족이 역사 속으로 사라졌지만, 유대인은 그렇지 않다. 오히려 이들은 금융 산업, IT 산업 등에서 보이지 않게 세계를 지배하고 있다.

신앙을 지키는 것은 핍박의 역사를 가져왔지만, 유대인은 부를 일구는 기회로 삼았다. 대표적인 사례가 안식일이다. 율법에 따르면 안식일에 유대인은 일을 해서는 안 된다. 금요일 저녁부터 토요일 해가 질 때까지 유대인은 일할 수 없다. 호텔업 등 24시간 지속되어야 하는 사업을 유대인은 할 수 없다는 말인가? 그렇지 않다. 유대인은 이 문제를 근로자 파견이라는 새로운 비즈니스 모델을 만들어 해결했다. 그렇다면 안식일에 이자를 받아야 하나? 예로부터 고리대금업과 금융 산업으로 유명한 유대인은 당일 이자 개념을 고안해서 율법을 어기지 않고 사업을 이어나갔다. 하나님의 율법을 지키기 위해 '지혜'를 이용해서 성공한 사례들이다.

부족함을 지혜와 창조 정신으로 극복한 사례도 있다. 하나님이 말한 약속의 땅 이스라엘로 돌아왔을 때, 유대인들을 맞이한 것은 젖과 꿀이 흐르는 땅이 아닌, 척박한 사막뿐이었다. 그러나 유대인은 하나님을 원망하거나 의심하지 않았다. 이들은 오히려 사막을 젖과 꿀이 흐르는 땅으로 반드시 바꾸겠다는 일념으로 흔들리지 않고 연구했다. 그래서 탄생한 것이 관수회사인 네타핌Netafim이다. 네타핌은 전 국토에서 나오는 물 한 방울, 한 방울을 모아 이스라엘을 옥토로 바꿔 세계적인 글로벌 회사가 됐다.

역설적이게도 유대인의 고난과 핍박이야말로 유대인이 성공을 이룬 원천이다. 유대인은 나라 없이 수천 년 살았기 때문에 언제든지 다른 민족에게 쫓겨날 위기에 처해 있었다. 돈과 값 비싼 보석과 물건은 언제든지 빼앗길 수 있다. 결국 이들에게서 절대 아무도 빼앗지 못하는 것은 오직 '지혜'밖에 없었다. 그 누구도 머릿속에 든 지식과 지혜를 가져갈 수는 없다. 이들은 《토라》와 《탈무드》를 공부하며 신앙을 지켰고, 자녀를 가르쳤다. 이들에게 교육은 신앙이자, 신앙은 곧 교육이었다.

이스라엘은 창업 국가로 유명하다. 나스닥 상장 기업이 70여 개로, 이는 미국 다음으로 많은 숫자다. 뿐만 아니라 세계 100대 기업의 80%가 이스라엘에 R&D 연구소를 두고 있다. 이처럼 이스라엘이 짧은 역사에도 불구하고, 창업과 연구개발의 국가로 발전할 수 있었던 배경에는 유대인의 교육에 대한 믿음과 열망이 있었다. 유대인은 이스라엘 건국만큼이나 대학 설립을 중요하게 여겼다. 이들은 인재를 양성하는 좋은 대학을 먼저 만들어야 산업을 발전시키고, 독립 국가도 이룰 수 있다고 확신했다.

1917년 영국이 벨푸어 선언을 통해 이스라엘 국가 설립을 약속하자 유대인이 첫 번째 한 일은 대학 설립이었다. 유대인은 이스라엘이 건국되기 30년 전인 1918년, 당시 인구가 10만 명도 안 됐던 예루살렘에 히브리 대학을 만들었다. 히브리 대학 상임이사회에 이스라엘의 초대 대통령인 바이츠만Weizmann, 세계적인 과학자 아인슈타인, 정신분석학의 창시자 프로이트Freud 등 세계적인 인사들이 참여했다. 뒤이어 1925년 테크니온 대학이, 1934년에 바이르만 과학연구소가 각각 세워진다. 불과 인구 200만 명의 소국이 3개나 되는 세계적인 대학을 보유하게 된 것이다. 이러한 교육에 대한 열정과 투자는 800만 소국 이스라엘을 오늘날 세계적인 창업 국가, 하이테크 국가로 만든 비밀이다.

유대인의 성공은 노벨상 수상에서 특히 두드러진다. 단체를 제외한 개인을 기준으로 할 때 노벨상 수상자의 30%가 유대인이다. 세부적으로 살펴보면 경제학상 41%, 물리학상 26%, 화학상 20%,

문학상 12% 등이다. 전 세계 인구의 0.25%에 불과한 유대인이 노벨상을 휩쓴다고 해도 과언이 아니다. 이스라엘은 1948년 우리나라와 같은 해에 정부를 수립했다. 이스라엘의 인구는 800만 명으로 우리나라의 1/6이며, 면적은 1/10에 불과하지만, 노벨상 수상자를 이미 10명이나 배출한 노벨상 강국이다.

영화 분야에서 유대인의 성공은 독보적이다. 1912년 할리우드 최초의 영화사 유니버설 픽처스의 초대 사장은 독일계 유대인 칼 렘리Carl Laemmle였다. 폭스 영화사와 파라마운트사는 헝가리계 유대인인 윌리엄 폭스William Fox와 아돌프 주커Adolph Zukor에 의해 1913년과 1916년에 각각 설립된다. 1919년에 만들어진 유나이티드 아티스츠의 설립자 중 한 사람은 프랑스계 유대인 찰리 채플린Charles Chaplin이다. 폴란드계 유대인 워너가 형제들은 1923년 워너브라더스를 설립한다. 1924년 만들어진 영화사 컬럼비아는 독일계 유대인 해리 콘Harry Cohn이 사장이었다.

IT 산업에서 유대인의 성공을 빼고 이야기할 수 없다. 구글의 창업자 유대인 래리 페이지와 동료 세르게이 브린, '페이스북 공화국'을 만들어낸 마크 저커버그와 그의 유대인 룸메이트 더스틴 모스코비츠, 유대인 여성 파워의 상징이 된 페이스북 최고 운영책임자 셰릴 샌드버그, IBM보다 한 발 앞서 상업용 데이터베이스 산업을 만든 래리 엘리슨, 중간 유통망을 없애고 소비자에게 직접 판 델 컴퓨터의 창업자 마이클 델, 마이크로프로세스 시장에서 독보적 지위를 가지고 있는 인텔의 창업자이자 헝가리계 유대인인 앤드류 그로브, 휴대폰 세계 표준화로 거부가 된 퀄컴의 창업자 어윈 제이콥스Irwin Jacobs 등이 대표적이다. 유대인들은 세계 IT 분야에서 두각을 나타내며 큰 부를 거머쥐었다.

혹자는 “세계를 지배하는 것이 미국이라면, 미국을 지배하는 것 유대인이다”라고 한다. 유대인 수는 미국 인구의 2%에 불과하다. 하지만 소득 상위 400위 이내 유대인 비율은 24%, 소득 상위 40위 이내는 40%에 육박한다. 뉴욕 월가를 만든 에스더가, 광산의 왕 구겐하임가, 철도왕 벤더빌트가, 세계 금융을 쥐락펴락하는 모건가, 미국의 3대 재벌인 록펠러가, 듀퐁가, 엘런가 등이 잘 알려져 있다. 미국에서 성공한 유대계 재벌들은 실제로 세계를 움직이고 있다.

유대인의 성공과 파워는 일일이 열거할 수 없을 정도다. 전 세계에 커피전문점을 낸 스타벅스, 상류층의 후식이었던 초콜릿을 대중화시킨 허쉬 초콜릿, 아이스크림의 대중화를 선도한 하겐다즈, 미국인의 아침을 책임진 던킨 도넛, 남자로서 미용계에 용감하게 도전한 비달사순 샴푸, 여성들의 아름다움에 대한 욕망을 간파한 에스티로더나 헬레나 루빈스타인 화장품, 인간의 필수품인 물을 고급화한 페리에 생수, 광부를 위한 바지를 대중화시킨 리바이스 청바지 등이다. 이들 제품의 공통점은 유대인이 제품을 만들고, 그의 이름을 딴 세계적인 브랜드라는 것이다.

이처럼 세상을 움직이는 유대인의 힘의 원천에는 고난의 역사가 있다. 보통의 사람이라면 고통과 고난 앞에서 절망하고, 고통과 시련을 원망하며, 시간을 허비했을 수 있다. 이러한 원망이 때로는 하나님을 향하기도 하며, 종교 생활을 게을리할 수도 있다. 그러나 유대인은 달랐다. 이들은 생명과 재산을 빼앗기는 고난 속에서 시종일관 유머와 긍정적인 생각을 잊어버리지 않았다. 유일신 하나님에 대해 의심하지 않았다. 박해 속에서도 하나님에 대한 믿음을 키워갔다. 이들은 시나고그에서 랍비와 함께 예배드리고, 가정에서 안식일을 섬기며, 율법을 따랐다.

유대인은 더 나아가 고난과 역경을 성공으로 일구는 기회로 삼았다. 이들은 세상에 대한 하나님의 뜻과 섭리를 이해하기 위해 《토라》와 《탈무드》를 공부했다. 세상에 대한 하나님의 미완성 작품을 하나님과 함께 완성할 수 있도록 자신의 재능을 발굴하고 최대한 발휘했다. 지칠 줄 모르는 신앙에 대한 열망은 세상의 성공에 대한 열망으로 자연스럽게 이어졌다. 유대인의 성공은 결코 우연이 아니다. 고난의 역사 속에서 필연적 결과다.

우리는 고통과 고난을 성공의 코드로 승화시킨 유대인에 관심을 기울일 필요가 있다. 우리나라도 유대인보다 덜하지 않은 고통과 박해의 역사를 가지고 있다. 유대인 못지않은 해학과 웃음을 지니고 있다. 유대인의 성공비결과 비법을 알아내 자녀의 성공을 도모하고, 우리 민족이 세계를 움직이는 시대를 열어보자.

유대인 자녀사브라, 신이 내린 선물

얼마 전 울산의 한 지방법원에서 2명의 40대 여성이 자녀를 살해한 혐의로 각각 징역 4년형을 선고받고 법정 구속됐다. 40대 A씨는 재혼해 아들을 낳았으나 남편의 사업이 어려워지자 남편과 다툰 후 아들을 살해하는 극단적인 선택을 했다. B씨는 심각한 자폐성 발달장애를 가진 딸을 키우고 있었다. 그녀는 우울증을 앓았고, 남편마저 공황 장애로 경제적으로 어려움을 겪자 딸과 함께 극단적인 선택을 시도한 것이다.

가족의 동반 자살은 남편에 의해서도 종종 이뤄진다. 서울에서 한의원을 하던 30대 C씨는 부인과 자녀를 살해한 후 아파트에서 투신했다. 그가 남긴 유서의 일부는 "미안하다. 정리하고 가겠다. 가족을 두고 혼자 갈 수 없어 이런 선택을 했다"였다. 한편, 울산 사건 재판에서 재판부는 유독 우리나라에서 자녀 살해 후 자살

사건이 많은 이유로, "자녀의 생명권이 부모에게 종속되어 있다는 그릇된 생각 때문이다"라고 지적했다.

우울하고 극단적인 이야기이지만, 한국 부모가 갖는 자녀관을 극명하게 보여주는 사례다. 한국 부모는 자녀를 자기 '소유물'이라고 생각한다. 자녀는 엄연히 하나의 생명체이지만, 자기 마음대로 할 수 있다는 생각이 잠재적으로 깔려 있다. 자녀를 부모의 소유물로 생각하기 때문에 자녀에게 이래라 저래라 명령한다. 한국 부모는 열심히 일해서 번 돈으로 자녀를 키우고 공부시킨다고 생각한다. 자신을 희생하면서 자녀를 키우기 때문에 자녀는 부모의 말을 따라야 하는 대상일 뿐이다.

그렇다면 유대인의 자녀관은 어떠할까? 유대인의 자녀관을 이해하기 위해서는 율법의 본질에 대한 이해가 필요하다. 율법을 생명처럼 여기는 유대인은 율법의 핵심 사상으로 평등 사상을 꼽는다. 세상의 통치자는 유일신인 하나님 한 분이며, 그 이외의 모든 사람은 평등하다는 생각이다. 이러한 인간의 평등 사상은 가족 안에서도 적용된다. 따라서 자녀는 부모와 평등하다. 자녀는 동등하게 존중받아야 할 인격체인 것이다. 다만, 부모는 자녀가 성년이 될 때까지 신으로부터 일시적으로 보호하고, 양육하는 책임을 수탁받은 존재일 뿐이다. 유대인 부모는 신으로부터 받은 자녀를 신의 뜻대로 키우는 것이 자신의 책임이자 신의 뜻이라고 생각한다.

유대인이 《토라》를 하나님으로부터 받을 때, 하나님은 보증인을 요구하셨고, 이들은 자녀를 보증인으로 세운 다음에야 《토라》

를 받을 수 있었다. 유대인의 자녀는 이미 이때부터 하나님의 자녀인 것이다. 유대인에게 자녀는 소유물이 될 수 없다. 따라서 유대인 부모는 자녀에게 이래라 저래라 명령할 수 없다. 유대인 자녀는 부모의 욕망을 충족시키는 대상도 아니다. 유대인 부모는 오직 자녀가 원하는 것을 발견하고, 자신의 재능을 최대한 살리도록 옆에서 조력할 뿐이다.

유대인의 이러한 '수탁자 자녀관'은 여러 곳에서 발견된다. 유대인 부모는 자녀의 재능을 선택하지 않는다. 재능은 자녀의 것이고, 자녀가 스스로 발견해야 한다. 이와 관련한 흥미로운 일화가 있다. 유대인 심리학자 아들러Adler가 공부에 흥미를 보이지 않자 아들러의 아버지는 아들과 밤늦게까지 함께 같은 책을 읽었다. 아들러의 아버지는 아들이 부족한 과목을 잘 할 수 있도록 직접 가르치지 않았다. 대신 아들러 자신이 공부에 흥미를 발견할 수 있도록 옆에서 지켜봐준 것이다.

유대인 부모는 자녀가 관심 갖는 것을 먼저 경험하고, 경험한 내용을 자녀에게 설명해준다. 자녀가 무엇인가에 관심을 가질 때 부모는 기대치나 기대감을 좀처럼 표현하지 않다. 이들은 자녀의 삶은 오로지 자녀의 것으로 인정하기 때문이다. 유대인 격언에 이런 말이 있다.

"아이를 용으로 키우기 전에 바다를 먼저 보여주라. 그리고 부모가 먼저 바다를 바라보라."

유대인 부모는 이처럼 자녀의 관심과 경험을 부모가 빼앗지 않는다. 이들은 오히려 부모가 먼저 경험하되, 그 경험을 풍부하게 자녀에게 설명해줌으로써 자녀의 개성을 자극하고 열망을 깨울 뿐이다.

유대인은 예로부터 자녀를 선인장 꽃의 열매인 '사브라Sabra'라고 부른다. 유대인에게 자녀는 생명체가 좀처럼 살기 어려운 사막이라는 악조건에서 살아남아 꽃을 피우고 맺은 열매처럼 귀한 존재다. 유대인은 5000년 고통과 박해의 역사가 지혜로, 자녀라는 열매로, 대를 거듭해 번창하기를 기도한다. 이들에게 자녀는 '신이 내린 선물'이다.

유대인의 자녀관은 유대인 자녀 교육의 궁극적인 목표와 연결된다. 유대인의 대표적인 신앙의 원리로 티쿤 올람Tikkun Olam이 있다. 티쿤 올람은 '세상을 고친다'라는 뜻이다. 유대인은 세상은 불완전한 상태이며, 하나님과 함께 하나님의 파트너로 불완전한 세상을 개선시키는 것이 자신의 책임이라고 생각한다. 유대인들의 자녀 교육 목표도 이러한 티쿤 올람 사상과 무관하지 않다. 유대인은 자신의 자녀가 티쿤 올람을 실천할 수 있기를 희망한다.

유대인이자 페이스북의 창업자 마크 저커버그는 한 인터뷰에서 페이스북에 대해 이렇게 말했다.

"페이스북은 사람들이 더 많은 정보를 얻고, 자신이 보유한 정보를 쉽게 공유하도록 돕기 위해 시작됐습니다. 제 목표는 하나의 회사를 만드는 것이 아니라, 세상에 큰 변화를 가져올 무엇인가를 만드는 것입니다. 앞으로도 더 많은 정보 공유로 훨씬 투명하고, 열린 사회를 만드는 데 기여하는 꿈을 이루기 위해 노력할 것입니다.”

저커버그는 페이스북을 통해 수십억 인구가 서로 연결되는 꿈을 이뤄냈다. 불완전한 세상을 개선하는 티쿤 올람을 실천한 것이다.

구글의 창업자 래리 페이지의 스마트폰 개발도 티쿤 올람 정신의 결과물이라 할 수 있다. 래리 페이지는 12살에 '니콜라 테슬라 Nikola Tesla'에 대한 전기를 읽고, 니콜라 테슬라처럼 세상을 바꿀 혁신적인 발명가를 꿈꿨다. 그는 언제든지 정보를 검색하고, 공유할 수 있는 작은 컴퓨터를 개발해 누구나 휴대하게 하는 것이 꿈이었다. 그의 꿈은 마침내 안드로이드 기반의 스마트폰을 발명으로 실현된다. 세상을 바꿔 더 좋게 만드는 유대인의 티쿤 올람 사상은 지금도 현재 진행형이다.

유대인 가운데 특히 노벨상 수상자가 많이 나오는 이유 역시 티쿤 올람 정신과 무관하지 않다. 유대인 부모에게 자녀가 잘 먹고, 잘사는 것은 교육 목표가 아니다. 이들은 자녀가 공무원이나 교사가 되어 안정적이고, 평온한 직업으로 가정을 꾸려 단란하게 사는 것을 기대하지 않는다. 이들은 자녀가 불완전한 지금의 세상을 더 나은 세상으로 바꾸는 하나님의 작업에 동참할 것을 기대한다. 티쿤 올람 정신의 실현이 자녀 교육에 대한 유대인 부모의 궁극적인 목적이다.

부모가 어디를 보느냐는 자녀에게 지대한 영향을 미친다. 실개천을 보는 부모, 강을 보는 부모, 바다를 보는 부모, 하늘을 보는 부모, 우주를 보는 부모가 있다. 이들의 자녀들은 전혀 다른 인생을 살아갈 것이다. 세상을 바꾸는 것을 인생의 목표로 하는 아이와 잘 먹고 잘사는 것을 목표로 하는 아이는 전혀 다른 결론에 도달한다. 왜 유대인들이 노벨상을 많이 타는지, 그 비밀은 바로 유대인의 자녀 교육관과 교육 목표에 있다.

실개천만 보는 부모가 자녀의 달란트와 재능을 어디까지 발견할 수 있을까? 부모가 시키는 것, 부모가 하라는 것만 하면 자녀는 부모를 뛰어넘기 어렵다. 자녀 안에 신이 있음을 믿어보자. 자녀 안에서 무궁무진한 가능성과 잠재력이 숨어 있다. 부모는 자녀가 자신의 잠재력과 능력을 발견하고, 스스로 이끌어나가는 것을 도와주는 페이스 메이커다. 자녀가 신이 내린 '재능'이란 선물 꾸러미를 스스로 풀어헤쳐 열어 볼 때까지 자녀의 곁에서 기다려 주자.

또한 자녀가 자신의 안위를 넘어 이웃과 사회, 더 나아가 온 세상을 바꾸는 큰 꿈을 키울 수 있도록 관심을 갖고 도와주자. 자녀를 소유물이 아닌, 동등한 인격체로 존중하자. 자녀의 꿈과 재능을 부모의 생각에 따라 재단하는 재단사는 미래 교육에 필요하지 않다. 모든 부모가 자녀를 인격체로 존중하고, 세상을 향한 더 큰 꿈을 마음껏 이룰 수 있도록 도와주자. 머지않아 한국의 저커버그나 페이지가 나올 것이다. 노벨상 수상자를 많이 배출할 날도 머지않았다.

유대인 음식코셔, 먹는 것 이상의 의미

인간 생활에서 빠질 수 없는 것이 바로 음식이다. 현대인은 음식에 대해 끊임없이 욕망을 분출하면서도 동시에 다이어트를 위해 약을 먹거나 또는 그 과정에서 심지어 목숨까지 잃는다. 음식 고민은 자녀도 예외가 아니다. 몸에 좋고 안전한 먹거리를 찾고, 유기농을 고집하는 부모가 늘고 있다. 그러나 대부분의 부모는 아이가 편식을 하거나 잘 먹지 않아 고민이다. 아이에게 한 숟가락이라도 더 먹이기 위해 뛰어 노는 아이를 엄마가 쫓아다니는 모습을 심심치 않게 본다. 잘 먹지 않아 키가 안 크는 것 같아 성장판 검사, 성장호르몬 주사, 성장클리닉 광고에 엄마들은 눈길을 빼앗긴다.

한국에서 코셔Kosher 인증은 엄마들에게 안심하고 먹을 수 있는 음식과 비타민 등 영양제로 통한다. 코셔 인증 비타민 판매자들은 한국 엄마 특유의 '안전한 먹거리에 대한 불안감'을 파고든다. 이들은 한결같이 코셔 인증 제품은 '안전한 먹거리의 판단 기준'이라는 점을 강조한다. 또한 코셔 인증까지 관심을 가지고 알아봐주는 엄마의 높은 안목에 찬사를 보내는 것도 빼놓지 않는다. 이러한 코셔 인증은 미국에서 오는 수입 비타민에서 시작해서 점차 제품군이 넓어지고 있는 추세다.

원래 코셔란 히브리어로 '적합한' 또는 '적절한' 것을 의미한다. 쉽게 말하면 율법에 따라 만들어진 유대인의 음식을 말한다. 유대인은 예로부터 무엇을 먹을지, 어떻게 요리할지, 그리고 어떻게 먹을지에 대해서도 율법이 정하고 있다. 닭 한 마리에도, 물고기 한 마리에도, 포도 나무 한 그루에도 이들의 코셔 율법은 예외가 없다. 지금은 코셔 인증 제품과 식당이 어느 정도 있지만, 과거 유대인은 엄격한 코셔 율법 때문에 외식을 포기하는 경우가 많았다. 일부에서는 이러한 코셔 문화가 유대인이 이민족과 좀처럼 섞이지 않은 이유라는 분석도 있다.

코셔는 유대인이 먹어야 할 음식과 먹지 말아야 할 음식을 정하고 있다. 뿐만 아니라 해당 음식을 어떻게 키우고, 자라게 하며, 어떤 방식으로 요리할지도 까다롭게 정하고 있다. 먼저 육류를 살펴보자. 율법에 따르면 유대인은 '굽이 갈라지거나 되새김질을 하는 가축'만 먹을 수 있다. 돼지는 굽이 갈라지긴 했지만, 소처럼 되새김질을 하지 않는다. 이러한 이유에서 유대인은 돼지고기를 먹을 수 없다. 한편, 유대 율법은 육류와 유제품을 함께 먹는 것도 금하고 있다. 출애굽기에 이런 말씀이 있다.

"너는 염소 새끼를 그 어미의 젖으로 삶지 말지니라."

이는 생명존중의 사상에 기초한다. 유제품은 생명을 주는 젖으로 만든 반면, 육류는 그 젖을 주는 어미의 고기이기 때문이다. 이러한 이유 때문에 유대인은 유제품인 치즈와 고기를 함께 사용한 치즈버거를 먹지 않는다. 더 흥미로운 것은 유대인들은 유제품과 고기를 담은 식기도 각각 다른 설거지통에서 설거지한다. 유제품과 고기를 함께 먹을 수는 없지만, 순차적으로 시간을 두어서 먹을 수는 있다. 시간 간격은 6~7시간 정도다. 유대인들이 고기를 먹은 뒤 아이스크림을 후식으로 먹기 어려운 이유가 여기에 있다.

유대인이 먹는 고기는 아무나, 아무렇게나 도축할 수 없다. 코셔 인증을 받은 육류는 반드시 쇼헷Shohet이라는 도축 전문가가 도축해야 한다. 쇼헷은 율법이 정한 세히타Shechita라는 도축 방법으로 도축해야 한다. 쇼헷은 율법에 박식해야 하며, 신앙심이 있어야 한다. 또한 이들은 도축할 동물이 불필요하게 고통을 받지 않도록 동물에 대한 해부학적 지식도 풍부하게 알고 있다.

육류가 아닌 조류는 어떠할까? 유대인은 집오리, 닭 등과 같이 집에서 기르는 조류는 먹을 수 있다. 하지만 야생 조류나 독수리, 매 등 육식성 맹금류는 먹을 수 없다. 어류는 지느러미와 비늘이 있어야 유대인이 먹을 수 있다. 한국에서 흔히 먹는 새우와 조개, 굴 등은 지느러미도 없고, 비늘도 없어 코셔 음식이 아니다.

코셔는 육류만 한정되지 않는다. 유대인의 안식일에 빠지지 않는 와인도 율법에 따른 것이어야 한다. 코셔 와인은 코셔 육류만큼이나 절차가 까다롭다. 와인을 위한 포도나무는 심은 지 4년 이내에 수확한 포도는 코셔 와인이 될 수 없다. 포도나무는 보통 3년째부터 좋은 포도과실을 맺는다고 한다. 4년이 지난 포도나무로 와인을 만드는 이유는 3년까지는 신에 대한 감사를 드리기 위함이다. 포도 농장은 7년에 한 번 안식년도 지킨다. 안식년 1년 동안은 포도 농사를 짓지 않는다. 포도 농장은 다른 작물을 함께 재배해서는 안 된다. 포도주를 만드는 사람은 유대교를 믿는 유대인이어야 한다.

코셔가 식재료에만 적용된다면 이는 잘못된 생각이다. 코셔는 어떤 그릇에 담을지, 식사 후 어떻게 세척할지도 규율한다. 유대인 가정에는 설거지통이 두 개이고, 찬물과 따뜻한 물을 두고, 꼭지도 각각 따로 있다고 한다. 찬물을 이용하는 것과 뜨거운 물을 이용하는 목적과 대상이 다르기 때문이다. 이처럼 코셔와 율법은 음식 재료 준비부터 식사 후 청소와 정리까지 하나하나 정하고 있다.

유대인 부모는 코셔 음식을 마련하고, 밥상머리에서 끊임없이 자녀와 대화를 나눈다. 코셔 음식과 아닌 것은 무엇인지, 왜 코셔 음식을 먹어야 하는지 자녀가 묻고, 부모는 대답을 한다. 이러한 밥상머리 대화는 식재료를 만드는 과정에서 함께한 쇼헷과 농부들에 대한 감사와 수고에 대한 고마움이 빠지지 않는다. 음식을 준비해준 어머니에 대한 감사와 신이 정한 코셔 율법이 왜 필요한지에 대해서 때로는 난상 토론이 이어진다. 식사가 끝나면 유대인 부모와 가족은 청소, 설거지, 정리 등 자신이 맡은 일을 자연스럽게 하면서 공동체라는 것을 매일 확인한다.

유대인은 오래전부터 끊임없이 질문했다. 하나님은 왜 이런 율법을 주셨을까? 끝없는 질문과 고민 끝에 이들이 내린 결론은 두 가지다. 첫째, 음식에 대한 식욕을 절제하는 훈련이다. 둘째, 유대인의 삶의 목적은 단순히 먹고 마시는 것 이상의 것이 있음을 매일 깨닫도록 하는 것이다. 유대인은 자신들이 매 끼니로 먹는 음식을 코셔 율법에 따라 까다롭게 만들면서 하나님이 주신 자신의 존재에 대한 의미를 깨닫는다. 음식 하나하나, 매 끼니마다 신에게 자신이 세상에 나온 존재의 의미를 묻는 민족이 바로 유대인이다.

유대인에게 코셔는 음식 율법이다. 율법을 하나하나 의식하는 것은 신을 의식하는 행위다. 신이 나에게 준 사명과 책임을 의식하는 행위이기도 하다. 엄마는 부엌에서 코셔 인증 식재료를 사다가 자녀에게 음식을 만들어준다. 유대인 부모는 하나님의 율법을 생각하며 코셔 음식을 먹고, 자녀가 자라 하나님이 창조한 세상을 완성시키는 과업을 담당하리라고 믿어 의심하지 않는다. 이들은 무엇을 먹느냐보다 하나님이 주신 음식을 먹는 의미를 찾는 것이다.

맞벌이 부부가 늘어나고, 인터넷 쇼핑 등 반조리 음식들의 유통이 편리해지면서 엄마는 요리로부터 해방된 지 오래됐다. 아이가 어린 가정에서는 밥하기보다 햇반을 사서 밥하는 번거로움을 줄인다고 한다. 아이가 초등학교에 입학하면 아이가 자주 가는 식당을 정해놓고, 부모가 한꺼번에 결제하곤 한다. 바쁜 자녀의 학원 스케줄 때문에 이동하면서 적당한 곳에서 자녀의 취향에 따라 식사하는 풍경이 익숙해지고 있다.

자녀는 식당과 음식점에서 마련해준 음식을 먹으면서 무슨 생각을 할까? 부모에 대한 고마움을 떠올릴까? 아니면 농부의 수고나 음식을 조리해준 식당 주인에게 감사한 마음을 한 번이라도 가져본 적이 있을까? 매월 식사 결제를 하면서, 자녀에게 음식의 소중함과 음식을 만들기까지 모든 사람의 노고와 수고를 한 번이라도 이야기해줬을까? 아이의 음식 투정과 타박에 대해 식당에 불만을 삼키지는 않았을까? 생각해볼 것들이 한두 가지가 아니다.

유대인에게 코셔가 율법이듯 음식은 교육이다. 자녀가 먹는 한 끼 한 끼의 음식이 어떤 과정을 통해 만들어지는지 자녀와 함께 이야기해보자. 하루 세 끼를 소중하고, 감사히 여기는 자녀와 그렇지 않은 자녀는 먼 훗날 전혀 다른 인생의 길을 걷게 될 것이다. 한 끼의 소중함을 깨우쳐 세상을 바꿀 수 있는 성공하는 인재를 만들어보자. 자녀의 성공은 한 끼의 소중함의 깨우침, 아주 가까운 곳에서 시작된다.

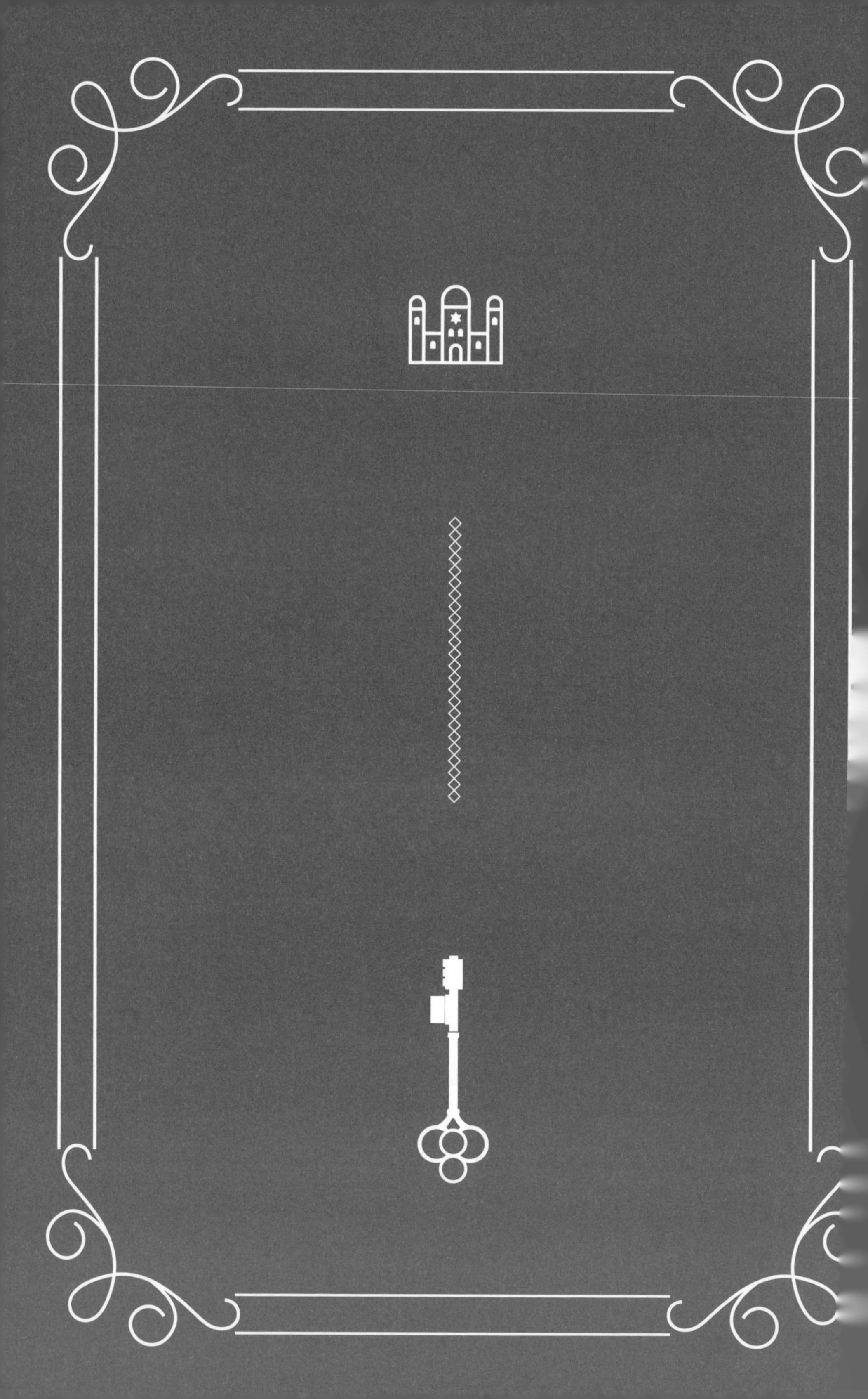

CHAPTER 2

유대인 자녀 교육, 이것만은 준비하자

《탈무드》에는 "아이를 쉽게 혼내지 마라. 화가 잦아들 때까지 기다리지 않으면, 아이를 정서적으로 불안하게 만든다"라는 말이 있다. 유대인 어머니는 자녀 양육에 있어 감정적으로 대하지 않는다. 자녀가 큰 잘못을 했을지라도 자신의 기분을 앞세워 감정적으로 꾸짖지 않는다. 자신의 실수로 불안에 떨고 있는 아이를 협박도 하지 않는다. 아이의 보이지 않는 마음을 읽고 공감하며, 지지와 응원으로 아이를 이끈다. 유대인 엄마의 자녀 교육 비법은 한마디로 끊임없는 기다림과 인내에서 시작된다.

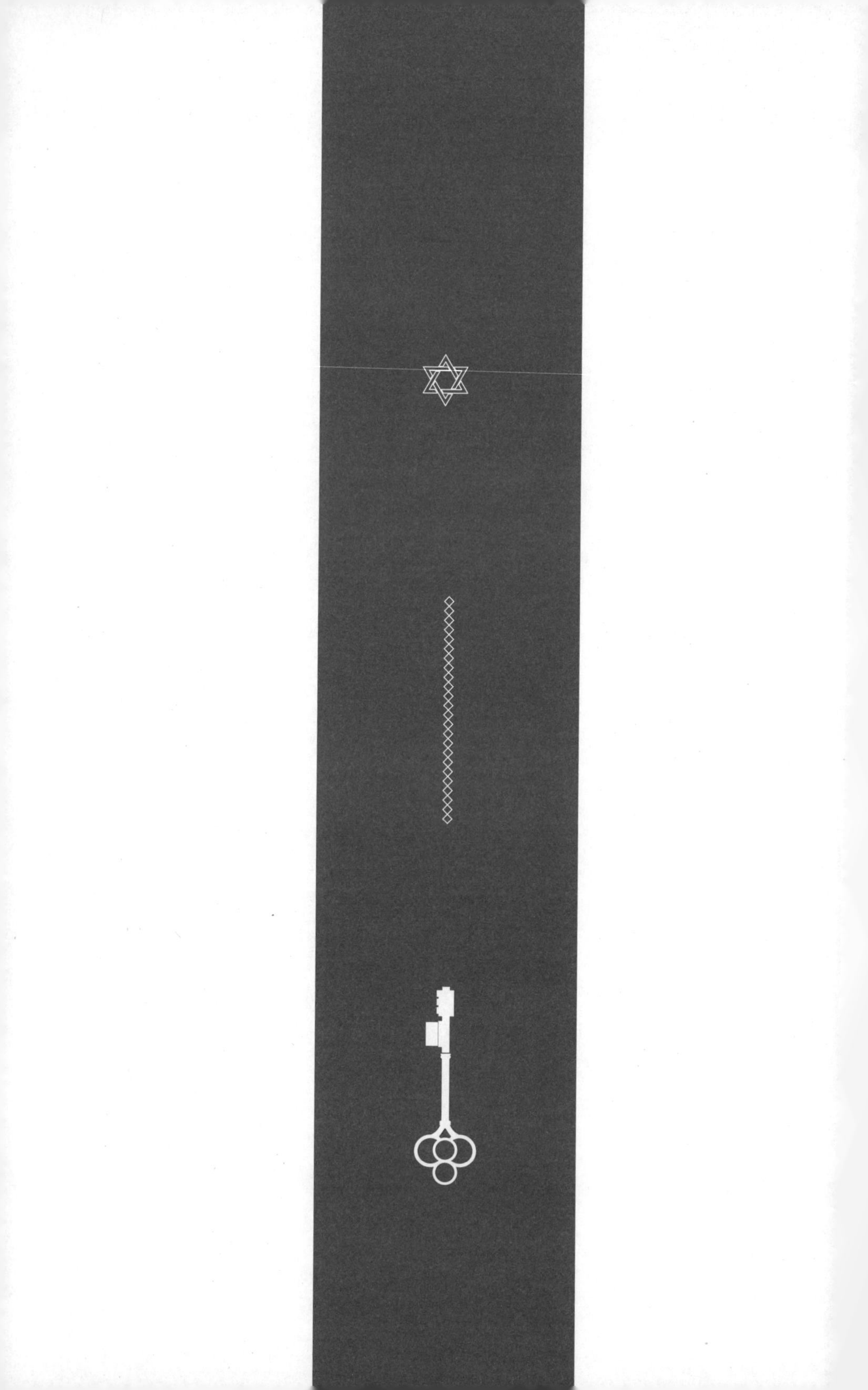

매의 눈으로 자녀의 개성을 발견하라

성공적인 자녀 교육에 필요한 준비는 무엇일까? 앉은키에 맞는 책상, 아이 수준에 맞는 문제집과 양질의 서적, 아이들이 심리적 안정을 취할 수 있는 벽지, 눈에 해롭지 않은 조명 등 필요한 것이 하나둘이 아니다. 눈을 집 밖으로 돌려보자. 주거 환경과 학원 환경도 신경이 쓰인다. 아이 수준에 맞는 전문 학원은 주변에 충분한지, 독서실은 아이들을 잘 관리하는지, 학교 등하굣길은 안전한지도 관심 대상이다. 이처럼 우리나라의 부모는 아이가 다른 곳에 신경 쓰지 않고 오로지 책만 보고 공부할 수 있는 학습 환경을 먼저 떠올린다.

《탈무드》에는 '자녀를 가르치기 전에 눈에 감긴 수건부터 풀어라'라는 말이 있다. 여기서 수건은 자녀의 눈이 아닌 부모의 눈을 가리고 있다. 부모의 눈이 수건에 가려져서 있는 그대로의 자녀를 볼 수 없기 때문이다. 자녀에 대한 욕망과 욕심으로, 만들고 싶은 자녀만을 볼 뿐이다. 이런 부모는 자녀가 갖고 있는 개성과 잠재력을 발견할 수 없다. 수학이 부족하면 수학 학원을 알아보고, 학원도 성에 안 차면 수학 과외 선생님을 구한다. 아이는 체육에 흥미가 없는데, 부모는 체육만 잘하면 내신 일등급은 무난하다며, 체육 과외나 사설 체육 프로그램을 꼼꼼히 살핀다. 이처럼 한국 부모는 약점을 찾아 보완하려 한다. 아이들은 잘하는 것에 칭찬받는 것이 아니라 부족한 부분을 자꾸 지적당한다. 아이도 지치고, 부모도 지치는 이유다.

유대인 자녀 교육은 한국과 정반대다. 부족한 과목을 메우는 교육이 아니라, 잘하는 부분을 더 살리는 교육이다. 유대인 부모는 자신의 자녀가 남과는 다른 '달란트'가 있다고 믿는다. 부모의 역할은 그 달란트를 발견하는 것이다. 여기서 부모는 달란트를 발견할 뿐, 달란트를 발굴하는 사람은 자녀 자신이다. 또한 여기서 달란트란 '남들보다 뛰어난' 달란트가 아니라, 남들이 갖지 않은 '남들과 다른' 달란트다. 유대인 부모는 자녀 스스로가 남들과 다른 자신의 달란트를 찾아 스스로 더 발전시킬 수 있도록 안내할 따름이다.

유대인 부모는 '남보다 뛰어나려 하지 말고, 남과 달라지라'고 가르친다. 그들의 관심사는 아이의 지능이 아닌 개성이다. 이들은 사람에게는 누구나 타고난 재능이 있다고 확신한다. 유대인 부모는 아이의 개성과 재능을 발견하고, 잘 성장하도록 돕는 것이 부모의 진정한 역할이라고 믿고 실천한다.

베스트가 아닌 유니크를 추구하는 유대인의 교육방식은 형제나 자매간에도 적용된다. 《탈무드》는 '형제의 개성을 비교하면 모두를 살리지만, 형제의 머리를 비교하면 모두 죽인다'라고 말한다. "너는 형만도 못하니?", "도대체 누굴 닮았니?" 한국 부모가 손쉽게 하는 말이다. 집안 결혼식이나 집안 잔치라도 다녀오면 자녀 비교를 넘어 사촌 간 비교도 서슴지 않는다. 부모가 동창회나 동문회라도 다녀오면, 친구의 자녀 자랑에 마음이 상한 부모는 "아무개는 어떻다더라", "아무개는 국제중학교에 갔다더라" 등 별 생각 없이 이야기한다. 자녀의 마음을 멍들게 할 뿐 아니라 개성도 죽인다.

자녀가 뭔가를 하기 싫어 할 때, 유대인 부모들은 어떻게 대응할까? 유대인 부모는 자녀에게 하기 싫은 일을 억지로 하라고 기대하거나 강요하지 않는다. 이보다는 자녀가 하고 싶은 일에 대해 후회가 없도록 최선을 다하라고 격려와 칭찬을 아끼지 않는다. 아이가 좋아하는 일을 부모가 함께 좋아하고 응원해줌으로써 아이는 더욱 신나서 자신의 길을 찾아가게 된다.

그렇다면 유대인 부모는 자녀가 달란트를 발견할 수 있도록 어떻게 도울까? 유대인 부모는 자신의 눈에 감긴 수건을 풀고, 자녀의 호기심을 자극해 자신만의 달란트를 찾도록 도와준다. 새에 집중하는 아이에게는 다양한 새의 소리를 들려주거나, 야생 조류와 관련된 책을 보러 인근 도서관에 아이와 함께 간다. 아이가 새에 대한 집중이 자연스럽게 멎은 후에 어떤 생각을 했는지, 어떤 느낌이었는지 질문할 수도 있다. 물놀이를 좋아한다면, 옷이 흠뻑

젖더라도 감기를 걱정하지 말고 충분히 놀도록 함께한다. 부모가 젖은 옷에 대한 빨래나 아이의 감기 걱정으로 불안한 눈빛과 불편한 시선으로 대하면 아이는 이내 집중을 멈출 수밖에 없다.

유대인 격언에 "100명의 유대인이 있다면 100개의 의견이 있다"라는 말이 있다. 이는 모든 아이들이 저마다 다른 개성을 가지고 있음을 의미한다. 아이마다 자신이 집중하는 것이 따로 있다. 사물이든, 놀이든 집중하는 곳에는 달란트가 숨어 있을 가능성이 높다. 이때 부모에게 필요한 것이 매의 눈이다. 맹금류인 매는 어떤 동물보다 시력이 좋은 것으로 알려져 있다. 예로부터 중국 거상들은 귀한 물건의 가치를 단번에 알아보는 거상의 기질로 '매의 눈'을 꼽았다. 유대인 부모는 자녀의 달란트를 찾기 위해 끊임없이 자녀를 관찰하고, 자녀가 스스로 달란트를 찾을 수 있는 기회를 만들어낸다. 매의 눈으로 관찰을 포기하는 것은 부모로서의 의무와 역할을 포기하는 것이다.

한국의 지성인 이어령 선생은 '개성'에 대해 한 유튜브 강의에서 이렇게 말한다.

"천재 아닌 사람이 어디 있어? 모든 사람은 천재로 태어났고, 그 사람만이 할 수 있는 일이 있어. 그 천재성을 이 세상에 살면서 남들이 덮어버려. 학교에 가면 학교 선생님이 덮어버리고, 직장에 가면 직장 상사가 덮어버려 … (중략) … 360명이 뛰는 방향을 좇아서 경주를 하면 아무리 잘 뛰어도 1등부터 360등까지 있을 거야.

그런데 내가 뛰고 싶은 방향으로 뛰면 360명 모두가 1등할 수 있어. Best one이 아니라 Only one이 되어야 해."

자녀의 천재성을 가장 먼저, 그리고 가장 가까이에서 덮어버리는 것이 바로 부모다. 한국의 부모는 특히 '개성'을 중시 여기지 않는다. 이들은 한 걸음 더 나아가 남과 '다름'을 두려워 한다. 모난 돌이 정 맞는다. 사회생활을 해본 부모라면, 자녀가 학교에서 또는 사회에서 어려움을 겪을까 봐 걱정이 되는 것이다. 굳이 자녀가 사회생활에서 어려움을 당할 이유는 없다고 생각하기 때문이다. 한국 부모는 남과 '다름'보다는 남보다 '뛰어남'을 주저 없이 선호한다. 자녀의 개성을 자랑하고 싶어 하지 않고, 자녀가 남보다 '뛰어남'을 자랑하고 싶어 한다. 자녀를 비교하며 줄 세우기를 좋아한다. 아이들의 대표적인 줄 세우기 문제로, 학교 평가를 빼놓을 수 없다. 정답은 하나밖에 없는 지금의 학교 교육은 아이의 개성이 다름을 인정하기를 거부한다.

유대인의 교육은 '문제의 정답'이 아닌, '사고의 과정'을 더 중요시한다. 유대인은 학습을 학습 자체로 보기보다는 배운 것을 창조해가는 과정으로 여기기 때문이다. 이들에게 교육의 목적은 자신만의 사고하는 능력을 키우는 것이지, 남을 따라 하는 것이 아니다. 이처럼 유대인 부모의 필사적인 개성 찾기, 개성 강조 교육은 유대인의 창의성과 맞닿아 있다. 창의성은 다른 생각, 자유로운 생각, 엉뚱한 생각에서부터 출발한다.

이스라엘과 한국 학생들을 상대로 한 실험이 진행됐다. 시험에서 양국 학생들은 벽돌의 용도에 대해 생각나는 대로 말해야 한다. 결과는 놀라웠다. 한국 학생들은 집짓기, 장독 받침대 등 서너 가지로 답을 했다. 이에 반해 이스라엘 학생들은 한국 학생들이 답한 것 이외에 도둑을 때려잡을 때, 양변기 물 절약용, 화분 받침대, 날아가는 풍선 잡아두기, 못 박기 등 무려 150가지의 다른 답을 했다. 하나의 사물에 대해 어디까지 상상할 수 있는지 두 나라 학생들의 차이가 여실히 드러난다.

아인슈타인은 다음과 같이 말했다.

"새로운 질문과 새로운 가능성을 제기하는 것, 새로운 각도에서 문제를 바라보는 일은 창의적인 상상력을 필요로 하는 과학에 실질적인 진보를 일궈낸다."

아인슈타인은 일찍이 '다름'이 창의력과 창조력의 원천임을 시사한 것이다. 남과 다른 생각, 창의력이야말로, 21세기형 인재가 필요로 하는 핵심 역량이다.

1948년 이스라엘이 독립 이후 세계적인 창업 국가가 될 수 있었던 이면에는 유대인의 '개성'을 중시하는 교육, '다름'을 북돋는 교육이 있었다. 남과 다른 생각을 격려하는 유대인 부모들이 자녀를 창의성 있는 인재로 키운 것이다. 이스라엘 대통령 시몬 페레스Shimon Peres는 한 연설에서 다음과 같이 이야기했다.

"우리는 항상 새로운 것을 스스로 만들어내야만 했다. 부족함 속에 풍요를 만들어가기 위해서였다. 삶의 질을 향상시키기 위해 이스라엘이 추구해야 했던 것은 오직 한 가지의 선택, '창조'였다."

이제 한국 부모도 자신의 눈에서 수건을 거두고, 자녀를 매의 눈으로 바라보자. 자녀의 부족한 면이 아닌, 자녀의 남과 다른 면에 집중해보자. 남과 다른 개성에 불안해하기보다 함께 즐거워하자. 이런 개성이 미래 사회가 필요로 하는 창조력으로 이어진다는 점을 명심하자. 자녀의 성공은 멀리서 시작되지 않는다. 오늘 자녀의 다름을 인정하고 발견하는 것, 바로 그곳에서 시작한다. 모든 아이는 Best one이 아닌, Only one이 될 수 있다.

부모의 무한한 인내심이 자녀를 바르게 성장시킨다

부모는 아이를 키우며 끊임없이 인내심의 시험대에 올라야 한다. 특히 아이를 가장 가까이서 살피는 엄마의 인내심은 매일 바닥을 드러내기 마련이다. 인내심의 바닥을 보는 것은 그나마 나을 수 있다. 아이와의 실랑이 과정에서 주체하지 못하는 자신의 감정을 지켜봐야 할 때 엄마의 자존감은 함께 바닥으로 곤두박질치곤 한다. 맞벌이를 하는 워킹맘의 경우, 전쟁터 같은 직장에서 치열하게 일하고 집에 돌아왔을 때, 자녀 양육을 위한 인내심의 한계는 더욱 위태로울 수 있다.

하루 종일 엄마를 그리워하는 아이는 인공위성처럼 엄마를 쫓아다닌다. 놀아 달라고, 먹을 것을 달라고, 위태로운 인내심을 더욱 벼랑으로 밀곤 한다. 아이는 엄마의 사랑과 관심, 응원과 격려를 갈구하지만, 엄마는 아이의 끊임없는 '보채기'만 바라볼 뿐이다. 아파트 현관문을 들어섰을 때 아이의 사랑스러움은 벌써 휘발되어 날아간 지 오래다. 엄마의 인내심은 이미 시험대에 올라갔다. 아이의 보채기를 외면할지, 그만 좀 하라고 분명히 이야기할지 머리가 복잡해질 뿐이다.

《탈무드》에는 "아이를 쉽게 혼내지 마라. 화가 잦아들 때까지 기다리지 않으면, 아이를 정서적으로 불안하게 만든다"라는 말이 있다. 유대인 어머니는 자녀 양육에 있어 감정적으로 대하지 않는다. 자녀가 큰 잘못을 했을지라도 자신의 기분을 앞세워 감정적으로 꾸짖지 않는다. 자신의 실수로 불안에 떨고 있는 아이를 협박도 하지 않는다. 아이의 보이지 않는 마음을 읽고 공감하며, 지지와 응원으로 아이를 이끈다. 유대인 엄마의 자녀 교육 비법은 한마디로 끊임없는 기다림과 인내에서 시작된다.

여기에서 인내는 무조건 참고 희생하는 것을 의미하지 않는다. 풍선을 누르면 공기가 다른 쪽으로 움직이거나 압력을 못 이기는 경우 결국 터지기 마련이다. 엄마의 감정은 누른다고 해결되는 것이 아니다. 어떠한 부모도 자녀 앞에서 감정적으로 대처하는 자신을 보는 것만큼 민망한 일은 없다. 감정적으로 대하는 자신에 대한 실망과 절망감은 또 다른 그릇된 행동으로 연결되기 십상이다.

이럴 때 유대인 엄마는 어떻게 할까? 홍익희 · 조은혜의 《13세에 완성되는 유대인 자녀 교육》에 따르면, 화가 치밀어 오를 때 유대인 엄마는 아이를 야단치지 않고 기도로 자신의 감정을 먼저 다스린다.

우선 아이의 물음에 대답해주고, 수많은 갈등을 해결해주며, 율법대로 살아갈 수 있도록 지혜를 달라고 구한다. 또한 화가 치밀어 올라서 아이에게 비난하며 영혼을 짓밟고 싶을 때 이겨낼 수 있는 자제력을 달라고 기도한다. 사소한 짜증과 아픔, 고통, 보잘것없는 실수와 불편에 눈을 감게 해달라고 구한다.

이 외에도 참을성을 주시고, 아이의 생각에 공감할 수 있게 하시며, 아이의 존재를 깨닫고 아이가 내게 온 기쁨의 순간을 잊지 않도록 구한다. 아울러 지치고 힘들 때에 아이를 위해 움직일 수 있는 힘과 건강을 주시고, 신념과 긍정의 힘으로 삶에 대한 열정을 주시며, 아이를 있는 그대로 받아들이는 포용력을 달라고 기도한다. 아이뿐 아니라 자신에게, 자신 속 내면의 아이도 사랑할 수 있도록 구한다.

유대인 엄마는 이렇게 기도를 통해 감정을 진정시킨다. 아이를 처음 낳아 품에 안았을 때의 복받쳤던 기쁨과 아이의 사랑스러움을 기억한다. 또한 자신의 감정이 아이의 하찮은 실수로 인한 것은 아닌지 분별할 수 있는 지혜를 구한다. 때로는 감정 섞인 말로 아이의 영혼을 파괴해 치유되지 않는 상처를 남기는 일이 없도록, 침묵을 선택하기도 한다. 사랑스러운 자녀가 자신의 감정적 언어와 행동으로 상처받지 않도록, 유대인 엄마는 인내에 인내를 끊임없이 갈구한다.

부모의 인내심은 아이를 감정적으로 대하지 않는다. 아이를 양육함에 있어 부모의 일관성 있는 태도는 매우 중요하다. 이러한 일관성 있는 태도는 아이에게 좋은 규칙과 습관을 만들어주는 데 결정적으로 중요한 역할을 한다. 아이가 같은 행동을 했을 때, 어떤 때는 부모가 화를 내고, 어떤 때는 화를 내지 않는다면 아이는 헷갈리기 시작한다. 무엇이 규칙인지, 무엇을 해야 하는지 혼란에 빠지는 것이다. 심리학자 윌리엄 제임스William James는 인간의 습관과 운명에 대해 "행동이 쌓이면 습관이 되고, 습관이 쌓이면 성격이 되고, 성격이 지속되면 그것이 곧 운명이 된다"라고 했다. 또한 베이컨Bacon은 "습관은 인생을 좌우하는 강하고 거대한 힘이다"라고 했다.

부모의 일관성 있는 태도와 인내심은 좋은 습관으로 이어져 자녀가 자신의 운명을 성공의 길로 바꾸는 첫걸음이다. 심리학자들의 연구 결과에 따르면, 하나의 행동을 21일 이상 반복하면 습관이 되고, 90일 이상 꾸준히 반복되면 온전한 습관이 된다. 이러한 행동을 1년 이상 지속적으로 반복하면 몸에 배어 일부러 고치려 해도 잘 고쳐지지 않는다. 전문가들은 아이의 좋은 습관을 길러주는 데 가장 중요한 것은 부모의 일관성이라고 입을 모은다. 한 가지 일에 대한 부모의 태도와 입장이 시시때때로 바뀌어서는 안 된다는 것이다. 부모가 언제 어디서든지 아이에게 일관된 요구를 할 때 아이는 스스로 자신의 운명을 이끄는 습관을 형성할 수 있다.

유대인 부모가 자녀에게 좋은 습관을 갖도록 하는 구체적인 방법 중 하나가 가족 규칙을 만드는 것이다. 가족 규칙을 만들 때 유대인 부모는 두 가지 원칙을 고수한다.

첫째, 자녀와 함께 의논해 약속을 통해 규칙을 만든다. 둘째, 규칙이 정해지면 이들은 어떠한 경우에도 결코 타협하지 않는다. 유대인 부모는 아이가 가족 공동체의 일원으로 동등하게 참여해 가족과 함께 스스로 규칙을 정한다. 이들은 아이가 규칙을 위반하려 할 때 아이와 결코 타협하지 않는다. 이러한 과정을 통해 유대인 자녀는 좋은 규칙을 좋은 습관으로 몸에 배게 한다.

기도하며, 자녀를 양육하는 유대인 엄마는 자녀에 대한 최초의 교육자라는 자부심이 대단하다. 유대인 엄마는 자녀가 규칙에 어긋날 때, 자신의 인내심을 시험할 때 어떻게 해야 할지 알고 있다. 유대인 엄마는 자신이 한 말은 반드시 지키는 사람이라는 것을 아이에게 누누이 강조한다. 부모가 일관성을 유지할 때 아이는 부모의 말을 믿고, 부모가 진심으로 자신을 사랑한다는 것을 확인한다. 아이들은 자신의 부모가 어떠한 일이 있어도 변하지 않을 것이라는 확신이 들면 부모를 시험하려 하지 않는다. 자신의 시간과 에너지가 낭비라는 것을 깨닫기 때문이다. 아이가 규칙에 어긋나는 행동의 유혹에 빠질 때 아이는 흔들리지 않는 엄마를 떠올리게 되고, 스스로 규칙을 따르게 된다.

인간의 행동은 대부분 습관으로부터 나온다. 이러한 이유에서 타고난 천성도 습관의 힘을 이기지 못한다. 아이가 어려서 어떤 습관을 갖는지가 인생을 좌지우지한다. 습관이 운명을 결정짓고, 좋은 습관은 아이의 인생을 성공으로 이끌어갈 것이다. 아이에게 성공적인 삶에 필요한 일상의 습관을 갖게 하는 데 부모의 인내심과 일관성은 무엇보다 중요하다.

부모가 자녀를 양육하는 과정에서 자신의 인내심이 한계에 다다를 때, 마음속 화를 다스릴 수 있도록 자녀의 이름을 딴 '○○○를 위한 기도'를 만들어보자. 자녀와 처음 만난 그날의 감동부터 감정적으로 자녀를 대할 때 자녀가 입는 상처, 자녀의 실수가 실제로 크고, 중요한지 않은지 판단 기준 등의 내용이 들어간 기도문을 냉장고에 붙이고, 인내심의 한계에 부딪칠 때마다 마법의 주문처럼 외워보자. 여러분의 자녀는 하루하루 성공을 부르는 습관으로 무장할 것이다.

아버지의 권위를 중요하게 생각하라

자식 없는 부모는 있어도, 부모 없는 자식은 존재하지 않는다. 우리는 모두 부모에게서 왔다. 최근에는 조금 달라지기는 했지만, 한국의 자녀 교육에서 아버지는 없었다. 가장으로 돈을 벌어야 하기 때문이다. 사무실에서 일이 늦게 끝나는 날이 많고, 일이 끝나도 회사 손님들 접대와 외부 미팅이 이어진다. 자녀는 아침 일찍 나가 밤늦게 들어오는 아버지를 좀처럼 볼 수 없다. 아버지 입장에서 자신은 '돈 버는 기계'라는 생각이 든다. 지친 몸으로 집에 도착해도 마땅히 살뜰하게 반겨주는 이가 없다.

한국의 자녀 교육에 있어서 아버지의 권위는 추락한 지 오래다. 오죽하면 요즘 집안 위계질서에 대해 이런 우스갯소리가 있다. '엄마 1위, 자녀 2위, 강아지 3위, 아빠 꼴찌.' 강아지보다 낮은 서열, 한국 아버지의 자화상이다. 이뿐만이 아니다. 자녀 입시의 성공조건은 어떠한가? 할아버지의 재력, 엄마의 정보력 외에 아빠의 무관심이 세 번째 요건이다. 가정에서 아버지가 버틸 자리는 점점 좁아만 간다.

유대인의 아버지는 어떤 모습일까? 예로부터 역사적 수난을 많이 겪었던 유대인은 랍비가 있는 회당에 갈 수 없을 때 가정에서 예배를 드렸다. 가정이 회당의 역할을 한 것이다. 이때 회당에서 랍비의 역할을 대신한 사람이 바로 아버지다. 이처럼 아버지는 한 가정의 제사장 역할을 맡아왔다. 또한 유대인은 아버지가 신탁의 계승자라 믿는다. 이들은 하나님으로부터 이어온 신탁이 유대인 가정의 가장인 아버지에게 내려온다고 생각한다. 제사장이자 신탁의 계승자인 유대인 아버지의 권위는 남다를 수밖에 없다.

유대인의 격언에 다음과 같은 말이 있다.

"내가 아버지에게서 물려받은 것을 자식에게 물려준다."

아버지는 그의 아버지로부터 배워 자신의 자녀에게 물려준다는 의미다. 이런 격언 때문일까? 《구약성경》에는 유대 민족의 조상을 '아버지'라고 불렀다. 아브라함은 이스라엘 민족의 아버지라고 쓰여 있다. 이처럼 유대인은 '아버지'를 생물학적 아버지 외에 조상들 전체를 부르는 말로 사용한다. 유대 민족의 지혜와 경험이 아버지를 통해 대대로 이어져 내려오고 있음을 의미한다.

유대인 부모는 자녀에게 개성을 강조한다. 남과 다른 것은 성공이라는 문의 열쇠이기 때문이다. 이처럼 개성을 중시 여기는 유대인이지만, 인생을 말할 때 '나의 삶'이라는 표현을 사용하지는 않는다. 그저 '삶'이라는 표현을 쓸 뿐이다. 유대인의 인생은 아버지로부터 시작됐고, 아버지의 인생은 다시 그 아버지의 인생으로부터 시작됐기 때문이다. 이처럼 유대인은 아버지가 가장으로 수천 년을 이어져 내려온 부계사회다.

히브리어로 '아바'는 아버지를 의미한다. 《성경》에서 아바는 여러 가지 모습으로 나타나는데, 공급자, 보호자, 인도자, 교육자가 그러하다. 이처럼 유대인 가정에서 가르치는 역할은 일차적으로 아버지의 몫이다. 유대인들은 이렇게 말한다.

"모를 때에는 먼저 아버지에게 물어라. 아버지가 모르면 랍비에게 물어보라."

이처럼 유대인 아버지는 자녀가 성인식을 치르기 전까지 학교 교육과 별개로 율법, 도덕, 역사 등 다양한 내용을 가르친다. 베트남 분쟁을 해결한 공로로 노벨평화상을 수상한 유대인 헨리 키신저Henry Kissinger는 교육자로서 아버지에 대해 이렇게 말했다.

"어려서부터 아버지를 통해 배운 《성경》 지식이 언제나 나의 삶을 지배한다. 《성경》에 정치적 원리가 전부 들어 있다."

유대인 아버지는 보호자를 자처한다. 아이가 태어난 후 7일 동안을 '샬롬 보케르'라고 부른다. 보케르는 '새벽'이란 의미로 갓 태어난 자녀를 악마로부터 보호하는 기간이다. 이 기간 동안 아버지는 유대인 친구들과 함께 7일 밤을 꼬박 새우며 자녀의 생명을 지켜낸다. 샬롬 보케르가 끝난 다음 날인 8일에 자녀가 아들인 경우, 아브라함이 하나님으로부터 선택받은 민족임을 표시하는 할례를 한다.

유대인에게 아버지는 제사장, 신탁의 계승자, 교사, 보호자 외에 재판관 역할도 담당해왔다. 형제간에 서로 다툼이 벌어졌을 때, 우리는 흔히 "형이니깐 네가 양보해" 또는 "네가 아우니깐 참았어야지. 먼저 형에게 잘못했다고 말해"라고 적당하게 얼버무린다. 누가 잘못을 했는지 묻기보다는 상황을 마무리하기 바쁘다. 그러나 유대인의 가정에서는 아버지가 재판관으로 나선다. 싸운 형제 하나하나에게 쌓은 이유를 차분히 묻고, 상대방에게는 경청의 시간을 갖는다. 유대인 아버지는 두 형제의 이야기를 모두 듣고, 각자가 잘못한 점을 차분히 헤아리게 하고 화해하도록 주선한다. 이처럼 유대인 아버지는 가정 내 분쟁을 조정하고 해결하는 공정하고 다정한 재판관이기도 하다.

권위가 있으면서 공정하고 다정한 아버지가 자녀에게 미치는 영향력은 지대하다. 현대 정신심리학의 개척자이자 유대인인 심리학자 아들러의 아버지 일화는 유명하다. 아들러의 아버지는 어느 날 학교 선생님으로부터 아들러의 머리가 좋지 않다며 구두수

선 기술을 가르치라는 제안을 받는다. 이 말을 들은 아들러의 아버지는 아들이 부족한 과목의 책을 사서 밤늦게까지 아들과 함께 공부한다. 이후 아들러는 학업 성적을 만회했고, 결국 훌륭한 심리학자가 됐다. 아들러는 당시 경험에 자극을 받아 열등감을 기초로 한 세계적인 '개인심리학'을 발표한다. 아들러는 결국 어린 시절 느낀 열등감에서 평생의 학문을 발견한 것이다.

유대인 가정에서 자녀가 먹을 것을 부모에게 드릴 때 부모가 다 있는 경우, 당연히 아버지부터 먼저 드린다. 설사 어머니에게 드린다고 해도 자녀는 어머니가 다시 아버지에게 드린다는 것을 알고 있다. 어머니로부터 존경받는 아버지와 함께하는 유대인 자녀는 아버지를 존경하고 신뢰하게 된다. 유대인 가정에서 아버지의 권위는 이렇게 세워진다. 집안의 중요한 결정은 어머니가 아닌 아버지가 하고, 어머니와 자녀는 아버지의 결정을 존중하고 따른다.

한국에는 전 세계에 없는 다양한 아빠가 존재한다. 기러기 아빠, 펭귄 아빠, 독수리 아빠가 그러하다. 자녀의 성공과 교육을 위해 아내와 자녀를 멀리 해외에 보낸 아빠들의 유형이다. 기러기 아빠는 한국에 남아 유학비와 생활비를 번다. 1년에 한번 휴가나 명절에 자녀와 아내를 만나러 간다. 날지 못하는 새인 펭귄을 빗댄 펭귄 아빠는 기러기 아빠와 달리 아내와 자녀가 보고 싶어도 가족을 만나러 갈 엄두를 못 내는 아빠다. 독수리 아빠는 경제적 여유가 있어 언제든지 아내와 아이를 만나러 간다. 2013년 50대 의사 기러기 아빠가 집에서 극단적인 선택을 해서 사회에 파장을 일으킨 적이 있다. 기러기 아빠뿐 아니라 남편과 함께하지 못하는 아내와 아버지의 빈자리를 견뎌야 하는 아이들의 고통은 이루 말할 수 없다.

유대인 부모의 눈에 기러기 아빠는 있을 수 없는 일이다. 유대인 아버지는 가정에 머물러 안식일을 주재하고, 자녀들이 궁금한 것이 있으면 언제라도 달려와 물어보는 것에 다정하게 답을 해줘야 하기 때문이다. 매년 어린이날을 기념해 어린이를 대상으로 실시되는 여론조사에는 아빠와 함께 노는 것이 제일 행복하다는 답변이 빠진 적이 없다. 한국의 부모 모두가 생각해볼 대목이다.

아버지의 권위는 자녀가 세운 것이 아니다. 바로 어머니의 몫이다. 어머니가 아버지를 존경하고 존중할 때, 어머니를 사랑하고 존경하는 자녀는 아버지를 당연히 존경하고 신뢰할 수밖에 없다. 아버지의 권위를 살리기 위해 작은 일부터 시작해보자. 집안 식탁에 아버지의 의자를 마련하는 것이다. 아이들이 스스로 아버지의 의자에 '아빠 ○○○님 의자'라고 써서 붙이게 하자. 아버지의 의자를 만들어 무너진 아버지의 권위를 세워보자. 자녀 교육은 엄마만으로는 불가능에 가깝다. 아버지의 협조 없이는 자녀 교육의 성공을 기대하기 힘들다. 아버지가 신나는 가정, 아버지가 행복한 가정이야말로 자녀 성공의 확률을 높이는 지름길이다.

토론과 대화를 위해 거실에 TV를 없애라

요즘 아파트 모델하우스를 가보면 어김없이 소파와 그 맞은편에 TV가 있다. 우리 거실의 자화상이다. TV 종류도 다양해지면서 24시간 TV 방송이 이뤄진다. 이제 TV는 우리의 일상의 삶에서 분리하기 어려워 보인다. 그렇다면 TV는 과연 바보상자일까? 이 질문에 대한 대답이 최근 연구결과에서 밝혀져 사람들의 주목을 받았다. 미국 티나 호앙Tina Hoang 박사팀은 하루 평균 3시간 이상 TV를 시청한 사람들이 꾸준히 운동한 사람들보다 치매에 걸릴 확률이 최대 두 배 이상 높다는 사실을 밝혀냈다.

그렇다면 과도한 TV 노출은 아이들에게 어떤 영향을 미칠까? 최근 미국 소아과학회는 생후 18개월 이전의 아이에게 TV나 스마트폰 노출을 피하라고 권고했다. 학회는 더 나아가 연령별 TV 노출 방법과 시간도 권장했다. 생후 18~24개월 아이의 경우, 양질의 프로그램을 부모가 함께 보는 것이 좋다. 이보다 큰 2~5살 아동의 경우 TV 노출 시간은 하루 1시간이 적당하다.

이러한 제안에 대한 근거로 소아과학회는 TV 시청이 많은 아이들에 대한 뇌 MRI 영상 분석결과를 제시한다. TV 노출 시간이 많은 아이는 언어 능력과 자기 조절 기능을 담당하는 뇌 백질White matter의 발달 속도가 상대적으로 느렸다. 인지기능 실험결과도 이와 크게 다르지 않았다. TV를 많이 본 아이는 물건의 이름을 맞추는 정신처리속도Mental processing speed가 떨어졌다.

아이가 보채거나 부산해지면 당황한 엄마는 어느새 스마트폰이나 태블릿을 아이의 손에 쥐여준다. 아이가 스마트폰이나 동영상을 위한 태블릿을 달라고 보채는 경우도 허다하다. 영상을 매개로 한 스크린에 과도한 노출이 아이의 뇌에 안 좋은 영향을 미치는 것은 당연하다. 영상은 아이 뇌 속의 뉴런과 이들 뉴런 사이의 시냅스를 발달시키는 데 방해가 된다. TV는 아이의 '뇌세포를 깨우는 것'이 아니라 '뇌세포를 잠들게 하는 것'이다.

유대인 가정의 거실에는 TV를 찾아보기 어렵다. TV 대신 가족이 함께 모여 대화를 할 수 있는 원탁 테이블이 대체로 놓여 있다. 유대인이 이처럼 TV를 멀리하는 이유에는 두 가지가 있다. 첫째, 자신의 자녀로부터 시각을 통해 전달되는 안 좋은 '세속문화'를 차단하기 위해서다. 둘째, 자신의 자녀를 위해 영상매체의 강한 중독성을 차단하기 위해서다. 어린 나이에 TV나 게임에 과도하게 노출된 아이는 지속적으로 더 강한 이미지를 원하게 된다.

유대인 부모는 성인식이 이뤄질 때 즈음인 자녀가 12살이 되기 전까지는 TV를 철저히 제한한다. 양질의 다큐멘터리는 볼 수 있지만, 아이들 마음대로 TV를 볼 수 없다. 이들에게 스마트폰이나 태블릿도 예외가 아니다. 아이들의 뇌와 학업에 유해한 것은 일찌감치 가정에서 치우는 것이다. 이들의 눈에 자녀에게 자발적으로 TV를 틀어주거나 동영상을 권하며, 자신의 볼일을 보는 한국 부모의 모습은 낯설기만 하다. 자녀가 TV를 보고 잘 논다고 안심하는 한국인 부모는 유대인 부모의 눈에는 무책임한 양육자로 비춰진다.

유대인 가정의 거실에서 TV의 빈자리는 책장이 차지한다. 이들의 책장은 도서관을 방불케 하는 수준이다. 유대인 책장에는 어린 자녀를 위한 각종 동화 전집, 위인전이나 대학입시를 위한 논술 전집, 고전문학 전집이 있는 것이 아니다. 이들의 책장에는《토라》와《탈무드》 관련 서적들이 하드커버로 가지런히 놓여 있다. 유대인 자녀 방도 예외가 아니다. 침대 머리맡의 책장을 비롯해 벽에 촘촘하게 들어선 책장에는 아이의 연령에 맞는 책들이 가득하다. 책의 민족다운 풍경이다.

유대인에게는 전통적인 학습기관인 예시바라는 것이 있다. 예시바는 랍비를 길러내고《토라》와《탈무드》를 공부하는 도서관이다. 이곳에서는 누구도 혼자《토라》와《탈무드》를 읽지 않는다. 이곳에는 짝을 지어《토라》와《탈무드》를 읽고, 서로 토론과 대화를 하는 곳이다. 우리들에게 책을 읽는 공간은 조용한 공간이어야 한다는 생각이 있다. 도서관의 칸막이가 대표적이다. 일부 가정에서는 아이들의 학습 집중을 위해 독서실 책상을 두기도 한다. 하지만 유대인은 전혀 다르다. 소리를 내어 읽고, 토론하며, 대화하는 모습이 전통 시장만큼이나 요란하다.

책장으로 둘러싸인 유대인 거실에서 현자 랍비를 길러내는 '예시바 풍경'이 펼쳐진다. 유대인 가정에서 아버지는 최고의 교사이자 랍비다. 유대인 부모는 《토라》를 1년에 한 번, 《탈무드》는 7년 반에 한 번씩 읽어야 한다. 자녀가 성인식을 치르기 전까지 《토라》와 《탈무드》를 가르치는 것은 아버지의 책임이다. 유대인 아버지와 자녀들은 《토라》와 《탈무드》, 그리고 랍비들의 지혜서를 읽으며 서슴지 않고 서로 질문하고 대화한다. 유대인들에게 거실은 TV를 위한 공간이 아니라 가족이 책을 읽고 대화와 토론을 하는 공간인 것이다.

요즘 우리의 가정은 과도한 영상물로 넘쳐난다. 거실의 TV는 켜져 있고, 가족 구성원들은 각자 수시로 스마트폰도 동시에 한다. 게임을 하는 아들은 게임 PC와 스마트폰 동영상을 함께 보기 일쑤다. 그야말로 영상물의 홍수다. 영상물에 눈을 빼앗긴 순간, 우리는 대화도 대화법도 잃어버렸다. 핵가족으로 각자의 방에서 생활하면서 대화는커녕 한 끼 식사조차 함께 먹는 것이 쉽지 않은 일상이 됐다.

처음에 TV나 스마트폰에 빠져 대화가 없지만, 대화를 오랫동안 안 하게 되면 대화하는 방법도 잃어버리게 된다. 대화가 어색해지는 시간이 오고, 때로는 TV와 스마트폰이 대화를 피하는 핑계가 되기도 한다. 거리의 카페에 가보면 사랑하는 연인들조차 차와 음료를 앞에 두고, 각자 스마트폰을 즐기는 경우가 허다하다. '작지만 강력한 TV'인 스마트폰의 위력이다.

가족의 대화를 복원하기 위해 과감히 TV를 치워보자. 스마트폰도 가정에서는 제한적으로 사용할 필요가 있다. 이 모든 것은 가족회의를 통해서 결정되어야 한다. 자녀가 자신의 의사표현을 할 수 있을 정도의 나이라면 자녀도 참여해야 한다. 자녀의 의사에 반해 부모가 일방적으로 결정하면, 자녀는 스스로 결정하는 능력을 키우지 못한다. 자녀가 스스로 결정하지 못하면 자신의 책임이 아니라고 생각한다. 자녀에게 영상물의 해로움에 대해 차분하게 설명하고, TV 보기와 스마트폰 이용의 규칙을 정해보자.

이러한 규칙을 정하는 데 가족 구성원 모두에게 예외는 없다. 엄마와 아빠도 규칙의 대상이며, 일단 규칙이 정해지면 정해진 규칙을 따라야 한다. 부모는 마음대로 TV를 보고 스마트폰을 하면서 자녀에게만 해롭다고 못하게 하면, 자녀가 규칙을 지킬 리가 없다. 자녀에게 뭔가를 제한할 때는 자신부터 스스로 제한받을 각오를 해야 한다. 아이와 규칙을 정하기 앞서 부모 스스로 실천할 의지를 다지는 것이 먼저다.

TV가 없는 거실에는 유대인의 '예시바' 풍경을 옮겨 오면 어떨까? 꼭 《토라》와 《탈무드》가 아니어도 좋다. 암기식 문제를 풀기 위한 책들과 입시 책들이 아닌, 여러 번 읽어 지혜를 깨치는 동서양 고전과 스테디셀러 책들을 놓아보자. 눈앞에 닥친 대입 시험점수를 높이기보다 수십 년 인생의 지혜가 차곡차곡 쌓이는 공간으로 만들어보자. 가족 누구라도 언제든지 책장에서 책을 꺼내 읽고, 서로에게 질문하고, 대화하는 공간으로 거실을 만들어보자. 그래서 유대인처럼 '바로 가는 먼 길'이 아닌 '돌아가는 지름길'을 자녀와 함께 걸어보자.

자녀를 집안일에 참여시켜 책임감을 길러라

요즘은 '유아사춘기'라고 해서 사춘기가 유아기에도 온다고 한다. '미운 4살'이 대표적인 시기다. 3살에서 5살 사이 아이들은 자아의식이 강해지면서 부모로부터 독립하려는 동시에 의존하는 성향을 보인다. 수시로 "싫다"라고 하며 삐딱한 말과 행동을 보이기도 하고, 부모의 말에 말대꾸도 시작된다. 그러다가도 이거 해달라 저거 해달라고 부모에게 보채기 일쑤다.

유대인 부모는 유아사춘기에 무엇을 할까? 이들은 자녀가 5살 때부터 집안일에 참여하도록 한다. 선택이 아닌 의무다. 유대인 부모는 아이가 가족 공동체의 일원임을 의식적으로 깨우치게 한다. 5살 아이가 할 수 있는 집안일은 생각보다 많다. 자신의 방 정리, 빈 그릇 정리, 식탁 닦기와 수저 놓기, 화분에 물 주기, 신문 가져오기, 현관 신발 정리 등. 어려서부터 가족 구성원과 집안일을 함께하면서 가족 공동체 의식이 자라나고 책임감이 키워진다. 형제간에 누군가가 맡은 일을 다 하지 못하는 경우, 서로 집안일을 마침으로써 협동심도 기른다. 공동체의 일원이라는 자부심은 덤으로 얻는다.

여기서 한 가지 유심히 봐야 할 부분은 유대인 부모가 집안일을 배분하는 방법이다. 이들은 아이들에게 "이거 해라. 저거 해라" 정해주지 않는다. 아이가 부모에게 조언을 구하면, 부모는 몇 가지 힌트를 줄 뿐이다. 아이 스스로 자신이 할 수 있고, 하고 싶은 일을 선택하도록 한다. 물론 5살 아이가 가스 불을 만지는 요리를 허락할 수는 없다. 그러나 유대인 부모는 "안 돼!"라는 말 대신에 가스 불을 다룬다는 것이 얼마나 위험한지, 안 되는 이유를 아이에게 차분히 설명해준다.

유대인 부모들이 자녀의 집안일에 신경 쓰는 것이 한 가지 더 있다. 바로 적당한 보상이다. 이들은 자녀가 자신이 맡은 집안일 외에 추가로 일을 더 한 경우 '용돈'으로 격려한다. 가족 모두가 볼 수 있게 집안일과 그에 따른 보상 용돈 목록을 작성해서 눈에 잘 띄는 곳에 붙여둔다. 용돈으로 고무된 아이가 자신이 필요한 물건이나 누군가를 위한 선물을 준비하기 위해 집안일거리를 더 찾게 된다. "엄마 제가 오늘 냉장고 청소할게요!", "엄마, 아버지 구두 제가 닦을게요!" 하며, 유대인 자녀는 집안일로 노동의 가치를 깨닫고, 동시에 경제관념의 싹을 틔운다.

중국 상하이에서 태어나 세 명의 자녀를 훌륭하게 키운 유대인 사라 이마스Sara Imas는 《유대인 엄마의 힘》에서 이렇게 말한다.

"나는 호랑이를 낳아서 개로 키운 경우를 숱하게 봤다. 위험하다는 이유로 이빨과 발톱을 다 뽑아버리는 부모 탓에 먹이를 구할 수도 없게 된 아이들을 보면 너무나 안타깝다. 위험하지 않게 사용할 방법을 알려주는 것이 바로 부모의 역할인데 말이다."

그녀는 이어 "아이를 믿지 않고 할 일을 대신해주는 것은 아이가 스스로 할 기회를 박탈하는 것이나 다름없다"고 아이의 일을 대신해주는 부모를 나무란다. 대부분의 엄마들은 식사를 준비를 돕고 싶어 하는 아이에게 "가만히 좀 있어", "저쪽에 가 있어"라고 밀어내기 일쑤다. 식탁에 가지런히 놓은 수저가 헝클어지기라도 할까 봐 아이를 멀리한다. 식사 후 상을 치울 때 아이가 그릇을 옮기려고 하면, "그냥 놔둬. 엄마가 할게"라고 한다. 아이는 집안일에서 처음부터 배제된다. 가족을 위해 뭔가를 하려던 아이는 상처를 받고, 가족에게 도움이 되지 못하는 좌절감은 아이의 자존감을 메마르게 한다. 집안일에서 배제되는 것이 반복되면, 아이는 가족을 위한 자신의 역할에 대해 자신감을 잃게 된다.

자녀의 입시가 본격적으로 시작되면 부모는 마음이 더욱 급해진다. 아이가 온통 입시와 성적에 집중할 수 있도록 부모는 더욱 분발한다. 10분 거리의 학원을 매일 같이 아이를 실어다 나르고, 그 와중에 끼니를 못 챙길까 봐 미리 준비한 주먹밥을 움직이는 차 안에서 입에 넣어준다. 아이는 대학 입시를 이유로 손 하나 까딱 안 하고 중 · 고등학교 시절을 보낸다. 한국인 부모는 자녀에게 집안일을 맡길 생각조차 안 한다. 그래서 자녀들은 기회조차 얻지 못하고, 고등학교를 졸업한다. 만 18살이 넘어도 할 수 있는 것은 많지 않다. 해본 것이 많지 않기 때문이다. 노동의 가치에 대한 소중함, 경제관념은 말할 것도 없다. 사라 이마스가 말한 대로 한국인 부모는 호랑이를 낳아 개로 키우는 격이다.

부모가 명심해야 할 일은 아이의 능력과 잠재력은 부모의 상상 이상이라는 사실이다. 5살 그 고사리 손으로 뭘 할까 싶지만, 이것이야말로 부모가 아이의 잠재력을 무참히 부수는 잔인한 생각이다. 아이는 서기까지 수천 번, 수만 번 엉덩방아를 찧는다. 아이가 걷기까지 또다시 수천 번의 넘어짐을 경험한다. 그러나 아이는 포기하지 않는다. 절대 좌절하지 않는다. 다시 일어서고, 다시 걸으려고 시도한다. 아이를 좌절시키는 것은 바로 부모의 "안 돼!"라는 배제인 것이다.

모든 부모들은 아이가 섰을 때, 그리고 아이가 첫걸음을 내디뎠을 때의 환희와 기쁨을 잊지 못한다. 또한 아이가 서고, 걷기까지 어떠한 좌절감도 못 느끼고 무수히 시도해 마침내 서고, 걷는다는 것을 잘 알고 있다. 아이가 서고, 걷기까지 옆에서 지켜보며 박수로 응원과 격려를 아끼지 않는다. 그런 부모들이 아이가 정작 더 큰 시도를 하려고 할 때, 지켜봐주지 못한다. 격려하고 응원해주지 못한다. 생각해보면 안타깝고, 왜 그럴까 싶다.

아이가 가지런한 숟가락을 망치거나 음식을 나르다 접시를 깰 때도 아이는 스스로 좌절하지 않는다. 부모의 실망을 두려워할 수는 있다. 그러나 실망감도 아이가 성장하면서 부모의 반응으로부터 익힌 학습일 뿐이다. 아이들은 무수히 많은 부모의 '좌절' 반응으로 주눅 들고, 자존감을 잃어간다. 아주 작은 일부터 부모가 가까이 다가가 다시 한번 해보라고, 잘 할 수 있다고, 마침내 잘했다고 격려한다면 우리 아이들은 어떻게 될까? 지금도 늦지 않았다. 자녀의 잠재력과 능력을 의심하지 말자. 어떤 아이라도 수천 번의 엉덩방아와 넘어지기를 통해 일어서고 걸을 수 있다. 서기와 걷기보다 더 큰일에도 아이에게 맡겨보자. 스스로 할 수 있도록 옆에서 응원하고 격려해보자.

집안일은 아이가 본능이 아닌, 자기의식을 가지고 하는 첫 시도다. 가족공동체의 일원으로 가족들에게 필요한 존재임을 확인하는 기회다. 집안일에 용돈으로 보상하면, 경제관념을 키울 수 있는 절호의 기회다. 아이들에게 집안일 참여는 결코 하찮은 일이 아니다. 식은 죽 먹기는 더더욱 아니다. 아이는 자신이 맡은 일을 어떻게 할까 궁리를 하게 된다. 집안일을 반복하면서 더 잘 할 수 있는 방법을 찾는다. 자기가 맡은 일에 익숙해지면 더 큰일을 맡겨 달라고 요구한다. 자신이 하기 어려운 부분은 형제에 도움을 청하고, 이마저도 어려우면 부모에게 도움을 청한다. 동생이나 형이 맡은 일을 못하면 자신이 나서서 도와준다. 협동심과 배려심, 형제애와 가족애 등 무수히 많은 좋은 감정들과 가치들이 자라난다.

호랑이의 이빨과 발톱을 뽑아 개로 키우는 일은 이제 멈추자. 아이들과 함께 집안일 목록을 만들어보자. 집안일 목록은 부모가 만드는 것이 아니다. 아이들이 스스로 생각해 만들어보도록 하자. 용돈을 주는 집안일 목록도 함께 만든다. 아이들 각자 스스로 정한 집안일 목록을 냉장고, 현관 등 집에서 가장 잘 보이는 곳에 붙여 놓자. 아이들은 자신이 해야 할 일임에도 깜박 잊곤 한다. 아이가 방청소를 안 해 잔소리가 귀찮아 부모가 대신 해줘서는 절대 안 된다. 아이에게 집안일 목록을 보여주면 족하다.

아이들에게도 가족에 대한 책임이 있다는 사실을 분명히 알려주자. 아이들이 집안일에 습관을 들이기까지 부모는 인내하고, 기다려야 한다. 아이들은 곧 가족의 일원으로 집안일에 동참한다는 자부심을 느끼게 된다. 용돈을 모으는 재미로 경제관념의 꽃이 피어날 것이다. 한 걸음 더 나아가 모은 돈으로 무엇을 할지 궁리를 할 것이다. 작은 집안일에 안주하지 않고, 더 큰 집안일을 요구할 것이다. 모든 아이는 잠재력을 가지고 태어났다. 호랑이를 개로 키우는 것은 아이 자신이 아닌 부모라는 사실을 명심해야 한다.

CHAPTER 3

독서 교육, 지식보다 지혜다

유대인 부모의 독서 교육은 아이가 1~2살 때부터 시작된다. 아이가 흥미를 가질 만한 책을 골라 그 위에 꿀을 한두 방울 떨어뜨린다. 아이는 꿀을 핥아 먹으며 책과 자연스럽게 친해진다. 유대인이 이처럼 기지를 발휘하는 이유는 자녀에게 '배움이 꿀처럼 달콤하다'는 믿음을 주기 위해서다. 배움이 달콤하다는 가르침은 가정뿐 아니라 학교에서도 이어진다. 유대인 자녀가 유치원이나 초등학교에 가면 학생들은 손에 꿀을 찍어 히브리어 알파벳 22개 글자를 쓰고, 손가락의 꿀을 먹는다. 때로는 히브리어 알파벳 과자로 'God Loves Me'라고 표현하고 과자에 꿀을 발라 먹게 한다.

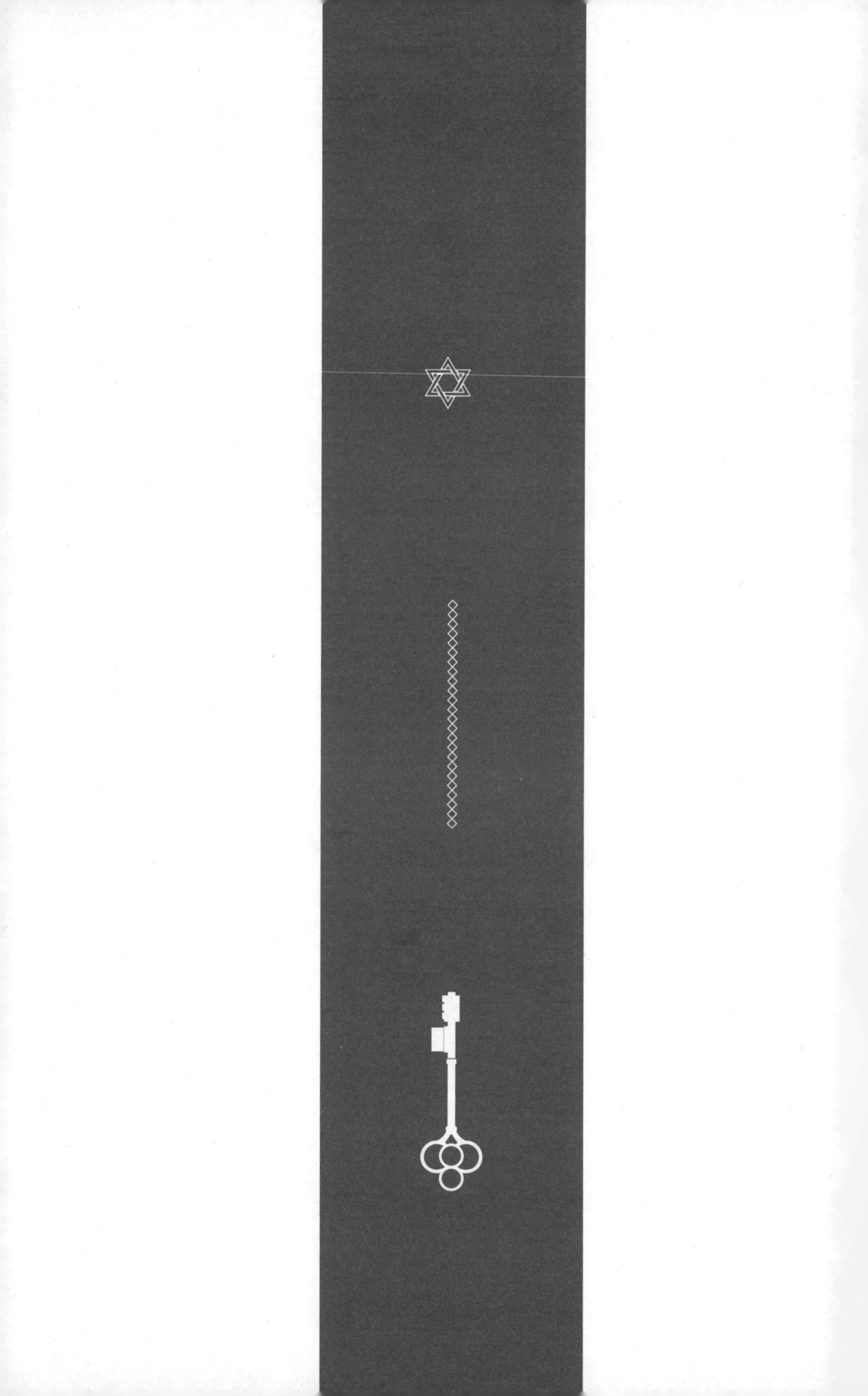

베갯머리 독서로 두뇌를 깨운다

인간의 뇌 발달은 3살까지 75% 이상이 이뤄진다. 3살까지 자녀의 뇌를 어떻게 자극하고, 깨우는지가 관건이다. 아이의 두뇌 발달은 부모의 몫이다. 어릴 때 두뇌 자극이 중요하다는 것은 모든 부모가 알고 있다. 그러나 자녀의 두뇌 자극을 위한 실천은 그리 간단한 일이 아니다. 서너 시간마다 해야 하는 수유, 잦은 열과 감기로 부모는 밤잠을 설치기 일쑤다. 자녀에게 책 읽기는 사치스러울 때가 많다. 오늘 밤은 잠을 제대로 잘 수 있을까 하고, 소박한 바람을 품는 것이 일상이다. 회식이나 야근이라도 하게 되는 날이면, 부모는 죄스러운 마음으로 '내일'로 숙제를 미루곤 한다.

유대인 부모는 자녀의 뇌를 어떻게 자극할까? 자녀가 첫돌이 지나면 이들은 아무리 바쁘고 힘들어도 하루 15~20분 '베갯머리 독서'를 시작한다. 자녀 머리맡에 있는 책장에서 책을 꺼내어 삼손

이야기, 다윗과 골리앗 등 흥미진진한 조상의 이야기를 들려준다. 이들의 스토리텔링은 구연동화에 버금가기 때문에 아이는 잠들기 전에 상상의 마법 세계로 빨려 들어가기 마련이다. 영화감독이자, 제작자, 각본가였던 스티븐 스필버그Steven Spielberg는 영화에 대한 상상력의 원천이 부모님의 베드타임 스토리였다고 고백했다. 이처럼 유대인 아이들은 글자를 깨치기도 전에 부모의 구연동화를 통해 단어와 문장을 자연스럽게 익히게 된다.

전문가들에 따르면 보통의 4살 무렵 아이가 인지하는 단어는 통상 800~900개라고 한다. 그런데 베갯머리 독서를 한 유대인 자녀는 같은 또래의 아이보다 보통 1,500자 이상의 어휘력을 갖게 된다. 두 배 가까운 어휘력 차이이다. 이러한 언어 능력 차이는 시간이 갈수록 더 크게 벌어진다. 유대인들은 특히 언어 구사력이 탁월한 것으로 알려져 있다. 보리스 파스테르나크Boris Pasternak, 하인리히 하이네Heinrich Heine, 프란츠 카프카, 아서 밀러, 프리모 레비Primo Levi, 밥 딜런Bob Dylan, 나딘 고디머Nadine Gordimer 등 대문호를 낳은 배경에는 바로 유대인의 베갯머리 독서가 있다.

유대인 부모가 베갯머리 독서를 중요시 여기는 이유는 바로 독서를 통한 뇌자극과 뇌발달 때문이다. 미국의 심리학자 매리언 울프Maryanne Wolf는 자신의 저서 《책 읽는 뇌》에서 이런 말을 했다.

"독서가 뇌에 가장 훌륭한 음식인 이유는 풍성한 자극원이기 때문이다."

뇌에는 측두엽, 전두엽, 변연계 등 다양한 부위가 있는데, 독서야말로 이 모든 부위를 자극시키고 격동시키는 좋은 뇌 계발 훈련인 것이다.

베갯머리 독서의 장점 중 부정할 수 없는 부분은 수많은 노벨문학상 수상자 배출이다. 유대인 자녀는 어려서부터 베갯머리 독서로 책과 친숙해지고, 글자와 어휘력을 또래보다 훨씬 많이 구사한다. 이뿐만이 아니다. 어휘력 증가는 상상력의 증가와 비례한다. 첫 돌에 시작한 베갯머리 독서와 책을 사랑하는 습관은 평생 동안 엄청난 효과를 가져올 것이다. 미국 문학평론가 마이틸리 라오Mythili Rao는 한국의 노벨문학상 관심에 대해 컬럼을 통해 뼈아픈 지적을 했다. 라오의 컬럼 제목은 '한국인은 정부의 큰 지원으로 노벨문학상을 가져갈 수 있을까?'였다. 라오는 한국인은 책을 읽지 않으면서 노벨문학상 욕심을 부린다며 한국의 독서 문제점을 비판했다.

베갯머리 독서는 자녀의 뇌를 자극하는 것 외에도 다른 긍정적인 효과가 있다. 바로 부모와 자녀와의 애착관계 형성이다. 심리 전문가들에 따르면 애착은 부모와 자녀 사이의 정서적 유대관계로, 자녀가 자신의 삶을 살아가는 데 뿌리와 같은 역할을 한다. 애착 형성시기의 골든타임은 생후 36개월까지라고 한다. 공교롭게도 두뇌 발달이 75%까지 이뤄지는 시기와 일치한다. 두뇌 발달과 애착관계가 밀접한 관련성이 있음을 의미한다. 애착관계가 잘 형성될 경우 자녀는 안정감을 가지고 세상을 긍정적으로 바라볼 힘을 얻게 된다. 반대로 애착형성이 잘 이뤄지지 않으면, 자녀는 분

리불안, 또래 집단 형성 어려움, 부정적인 감정 표현 등 다양한 부적응 행동을 보이게 된다.

베갯머리 독서와 함께 유대인 자녀는 매일 저녁 침대 곁에서 부모님이 자신을 지켜준다고 생각한다. 아이들은 잠잘 시간을 기다리게 된다. 곧 베드타임 스토리가 시작되기 때문이다. 이들은 저녁마다 무한한 사랑을 받고 있음을 확인한다. 규칙적인 잠들기는 덤으로 얻는 긍정적인 효과다. 잠들 때까지 신나는 상상의 나라로 함께해주고 자신을 지켜주는 수호신이 바로 유대인 부모다.

유대인 부모는 자녀에게 안아주기 등 스킨십도 아끼지 않는다. 기분 좋을 때 안아주고, 기분 나쁠 때 안아주지 않는 부모의 감정에 따라 달라지는 변덕꾸러기 스킨십이 아니다. 아이가 잠잘 시간이 되면, 어제 들려준 동화가 어떻게 전개될지 궁금해하는 아이에게, 유대인 부모는 마치 어제 동화 장면이 바로 연결되듯 구연동화를 이어간다. 아이들에게 따뜻한 부모의 체온은 부모의 사랑만큼 온기로 다가온다. 부모와의 신뢰와 사랑은 자녀의 자존감 형성과 발달이라는 선순환 수레바퀴로 연결된다.

아이는 부모라는 창을 통해서 세상을 바라본다. 부모로부터 사랑받는 아이는 다른 사람도 자신을 사랑한다고 생각한다. 부모의 신뢰를 바탕으로 아이는 세상을 위험한 곳이 아닌, 안전한 곳으로 인식한다. 반대로 부모로부터 사랑을 받지 못한 아이는 다른 사람들도 자신을 사랑하지 않는다고 생각한다. 다른 사람을 경계하고, 안정적인 인간관계 형성이 어렵게 된다. 베갯머리 독서로 애착 관계가 형성된 유대인 자녀에게 세상은 무한한 호기심을 발산하는 놀이터가 된다. 아이는 자신의 뒤에 항상 든든한 부모가 있다는 것을 알고 있다. 이러한 신뢰를 바탕으로 이들은 호기심을 충족하기 위해 세상 속으로 두려움 없이 나아갈 수 있다.

유대인 격언에 이런 말이 있다.

"잠들기 전에 형제와 반드시 화해하고, 그날의 화는 그날에 끝내라."

자녀가 하루 일과 중 안 좋은 기억은 자기 전에 지우고, 대신 행복한 기억만을 가지고 잠을 잘 수 있도록 한다는 유대인의 지혜다. 이러한 지혜는 실제 과학적인 근거가 있다고 한다. 우리 뇌 속에는 장기기억을 저장하는 해마가 있는데, 자기 직전의 정보는 집중력이 발휘되고 장기정보라서 해마에 저장된다고 한다.

유대인이 가장 중요시 여기는 것이 바로 쉐마 기도문이다. 이 기도문에는 항상 자녀를 부지런히 가르치라는 말씀이 있다. 유대인은 베갯머리 독서를 통해 자녀에 대한 가르침을 매일매일 실천하고 있다. 이들에게 베갯머리 독서는 안식일의 밥상머리 교육과 함께 가장 중요시 여기는 교육이다. 이들에게 베갯머리 독서는 하나님과의 약속에 따른 의무이고, 신앙생활의 일부이기도 하다.

자녀의 두뇌를 깨우는 베갯머리 독서, '어제의 숙제'를 오늘부터 시작해보자. 동화책에 생명력을 불어넣자. 동화 인물들이 금방이라도 책에서 뛰쳐나올 듯한 베드타임 스토리텔링을 아이에게 들려주자. 아이의 호기심과 상상력이, 아이의 자존감이 아이의 뇌 자극과 함께 자라난다. 아이의 손을 잡고 때로는 아이의 볼을 만지며, 따뜻한 스킨십도 나눠보자. 부모와 단단한 애착관계가 이뤄지고, 아이는 이를 바탕으로 호기심을 가지고 세상으로 자신감 있게 뛰어들 수 있다.

애착관계는 모든 성공적인 인간관계의 밑거름이 된다. 부모는 자녀가 세상에 나와 처음 맺는 인간관계다. 부모와 좋은 관계를 형성하는지 여부가 자녀 일생에서 인간관계의 첫 단추가 된다. 뿌리 깊은 나무가 바람에 흔들리지 않듯, 베갯머리 독서로 부모와 자녀 간에 건강한 애착관계를 형성해보자. 어떤 시련과 어려움도 이겨내는 성공하는 인간관계를 위한 디딤돌을 자녀와 함께 만들어보자.

배움은 꿀처럼 달콤하다는 것을 가르친다

어렸을 때 동화책을 읽어주면 제법 잘 듣던 아이가 어느 순간부터 책을 싫어 한다. 자아의식이 생기고, 유아사춘기에 들어서면 고집이 세어진다. 이제 한글을 터득했으니 스스로 책을 읽어야 하는데, 부모 마음은 조급해진다. 하지만 아이는 연신 "싫어요!", "재미없어요!", "안 읽을래요!" 한다. 오늘도 아이와 책읽기 실랑이로 진이 빠진다. TV, 스마트폰, 컴퓨터, 태블릿 등 영상물 노출은 최소로 하면서 가급적 독서 시간을 가지려고 하지만, 아이의 독서 거부는 요지부동이다. 내 아이가 뒤처지지는 않을까 부모의 속마음은 타들어간다. 유대인은 어떻게 '독서의 민족', '배움의 민족'이 됐을까? 그 지혜를 알아보자.

유대인 부모의 독서 교육은 아이가 1~2살 때부터 시작된다. 아이가 흥미를 가질 만한 책을 골라 그 위에 꿀을 한두 방울 떨어뜨린다. 아이는 꿀을 핥아 먹으며 책과 자연스럽게 친해진다. 유대인이 이처럼 기지를 발휘하는 이유는 자녀에게 '배움이 꿀처럼 달콤하다'는 믿음을 주기 위해서다. 배움이 달콤하다는 가르침은 가정뿐 아니라 학교에서도 이어진다. 유대인 자녀가 유치원이나 초등학교에 가면 학생들은 손에 꿀을 찍어 히브리어 알파벳 22개 글자를 쓰고, 손가락의 꿀을 먹는다. 때로는 히브리어 알파벳 과자로 'God Loves Me'라고 표현하고 과자에 꿀을 발라 먹게 한다.

평생 동안 《토라》와 《탈무드》를 공부해야 하는 유대인에게 끊임없는 배움은 삶의 본질이다. 또한 유대인은 자녀가 13살에 성인식을 치르기 전까지 《토라》와 《탈무드》를 가르쳐야 할 의무가 있다. 어려서는 《토라》 이야기를 읽어 주지만, 글자를 익히면 스스로 읽어야 한다. 유대인 자녀가 《토라》와 《탈무드》 읽기를 게을리하면, 이는 부모의 책임이다. 자녀가 배움을 싫어 하게 되면, 《토라》와 《탈무드》 공부는 이미 물 건너간 것이다. 《토라》를 가르치라는 하나님의 율법을 어기는 것이다. 유대인의 '벌꿀 독서' 지혜는 이러한 유대인의 종교적 배경에서 나온 절박함의 결과물이다.

《토라》와 《탈무드》를 평생 읽고, 공부해서일까? 이스라엘은 세계에서 인구 대비 도서관과 출판사가 가장 많다. 공공 도서관이 발달해 인구 4,000명당 한 개의 공공 도서관이 이스라엘 전역에서 운영된다고 한다. 안식일에 모든 것이 금지되어 거리의 상점들이 문을 닫지만, 예외가 한 곳이 있다. 바로 서점이다. 휴일에도 서점만큼은 책을 찾는 유대인으로 가득 차 있다. 이러한 유대인의 남다른 독서 사랑은 유네스코가 조사·발표한 국가별 연간 독서량에서도 확인된다. 이 조사에 따르면 유대인의 연간 독서량은 64권으로, 다른 어느 나라보다도 월등히 높은 숫자다.

유대인의 독서 사랑이 마르지 않는 '배움의 원천'이자 자녀의 '두뇌 계발 발전소'다. 배움은 독서에서 시작된다. 책을 읽지 않고 공부할 수 없기 때문이다. 여기서 책은 《토라》와 《탈무드》에 한정되지 않는다. 유대인 부모는 자녀의 재능과 관련된 다양한 분야의 책을 섭렵하도록 도와준다. 책을 읽다 지루해하면 강요하지 않는다. 아이가 다시 독서에 관심을 가질 수 있도록 기다려주고, 자녀의 재능을 일깨우는 다른 책에 관심을 갖도록 기회를 만들어낸다. 이처럼 유대인이 독서의 민족, 배움의 민족이 될 수 있었던 것은 유대인 부모가 조상으로부터 대를 이어 온 세심한 관심과 기다림의 결과물이다.

한국 교육의 핵심은 '줄 세우기' 경쟁이다. 한국 부모는 내 아이가 몇 등인지 궁금해서 못 견딘다. 줄 세우기 경쟁에서 조금이라도 앞줄에 서려면 무엇이든지 일찍 시작해야 한다. 한글 공부도 예외가 아니다. 유아 한글 자료를 아이 방에, 거실에 붙여 놓고 기회 있을 때마다 따라 하라고 한다. "가나다라…" 하며 한마디씩 따라 하는 아이에게 환호하며 즐거워한다. 아이가 조금 자라면, 본격적인 한글 공부와 구구단 외우기가 시작된다. '줄 세우기'에 조급한 엄마는 유아 한글 학습지로 본격적인 한글 교육에 뿌듯해한다.

유아용 한글 학습지를 본격적으로 시작한 엄마에게 자녀의 꿀

발라 한글 자음 모음 쓰기란 상상할 수 없다. 어린이집이나 유치원에서도 있을 수 없는 일이다. 아이의 흥미를 고려하지 않은 조기 유아 한글 교육은 아이에게 글자 익히기는 재미없고, 힘든 일이라는 인식을 심어준다. 이 때문일까? 아이는 책을 읽는 즐거움, 배움의 즐거움을 알기 전에 글자 자체에 대한 불편함과 거부감이 생긴다.

한국인의 독서 문제는 비단 아이만의 문제가 아니다. 어려서 독서에 흥미를 붙이지 못한 아이가 자라 성인이 되어 독서를 좋아할 리 없다. 각 나라의 지식경쟁력을 나타내는 〈국민 독서량 조사〉에 따르면 한국인의 독서량은 최하위다. 전체 30개국 13살 이상의 30,000명을 대상으로 독서 시간을 조사한 결과, 한국은 가장 낮은 30위를 기록했다. 독서 시간이 가장 많은 국민은 인도로 주당 10.7시간인 반면, 한국은 인도인의 1/3도 안 되는 3.1시간으로 나타났다.

더 큰 문제는 그나마 있는 독서량도 매년 줄어들고 있다는 사실이다. 문화체육관광부가 발표한 '2019년 국민 독서실태 조사 결과'에 따르면, 성인 독서량이 2015년 연간 9.1권에서 2019년 6.1권으로 매년 떨어지고 있다. 부모가 책을 멀리한다면 자녀는 보나마나다. 한국의 자녀는 과중한 사교육과 학습지 때문에 물리적으로 책을 읽을 시간이 충분하지 않다. 큰 문제가 아닐 수 없다.

유대인의 평생 독서 사랑은 이들의 뇌 계발과 무관하지 않다. 《기적을 부르는 뇌》의 저자 노먼 도이지Norman Doige는 인간의 뇌가 학습과 경험을 통해 평생 변할 수 있다는 뇌 가소성brain plasticity 이론을 병원 임상으로 입증했다. 평생 《토라》와 《탈무드》를 읽고 배우는 유대인은 뇌 가소성으로 끊임없이 두뇌를 계발한다. 늙은 뇌세포는 죽지만 배움으로 새로운 뇌세포가 끊임없이 생겨난다. 굳지 않은 두뇌는 고정관념이 적고, 유연하다. 지혜로 가득 차 있기 때문이다.

아이들에게 글자와 책에 대한 흥미를 일깨우자. 꼭 벌꿀이 아니어도 된다. 진흙을 좋아하는 아이라면 거실에서, 때로는 욕실에서 진흙으로 글자를 그려보자. 중요한 것은 글자를 '아는 것', '기억하는 것'이 아니라 글자 자체 대한 '흥미'다. 거실을 좀 어지럽히면 어떤가? 옷을 좀 더럽히면 어떤가? 아이가 글자에 대한 흥미를 잃는 것에 비하면 아무것도 아닌 것 아닌가? 글자가, 그리고 책에는 흥미로움과 즐거움이 있다는 것을 아이에게 각인시켜 주자.

책에 대한 평생 지치지 않는 흥미야말로 자녀의 뇌 혁명을 가져오는 출발점임을 잊지 말자. 미래 사회에서 인간에게 가장 중요한 것은 정보 수집능력이 아니라, 수집한 정보에 기초한 합리적인 판단력이다. 즉 유연한 두뇌를 필요로 한다. 정해진 공식에 맞는 정보처리는 컴퓨터와 AI를 따라잡을 수 없다. 인간이 컴퓨터를 능가하는 부분은 판단력이다. 모든 상황을 고려한 적절한 결정과 행동은 인간만이 할 수 있기 때문이다. 독서는 단순히 정보를 수집하는 것에 머무는 것이 아니라, 뇌를 깨워 지혜를 쌓는다.

유대인은 평생 책을 읽고, 지혜를 쌓아 두뇌를 유연하게 함으로써 세상을 혁신시키고 부를 창출하며 세계를 지배했다. 이러한 유대인 성공 사슬의 첫 번째에 '배움에 대한 달콤함'이 있었다. 줄 세우기 경쟁으로 우리 아이들의 배움에 대한 흥미를 죽이지 말자. 아이의 학습이 아닌, 아이의 흥미 발산에 부모는 박수를 보내고 함께 즐거워하자. 이것이 미래 세계를 위한 인재 양성 비법이다.

하브루타를 통해서 공부하는 힘을 키운다

히브리어 하브루타Havruta는 본래 '하베르'라는 말에서 나왔다. 하베르는 '친구'를 의미한다. 여기서 친구는 '가르치고 배우는 관계'다. 이처럼 하브루타는 파트너와 짝을 이뤄 서로 질문하고, 답하는 것을 의미한다. 하브루타는 예시바 도서관에서 흔히 볼 수 있다. 유대인은 책상을 마주하고 앉아 《토라》나 《탈무드》를 읽고, 상대에게 질문하고 답변하면서 토론과 논쟁을 한다. 서로 언성을 높이기도 하기 때문에 자칫 싸움하는 것처럼 보이기도 한다.

하브루타는 경쟁이 아니라 협력이다. 이기기 위해 논쟁하는 것이 아니라, 서로의 다른 생각을 확인하며 자신만의 답을 찾기 위한 것이다. 유대인은 하브루타를 통해 공부하면서 자신과 다른 상대의 생각과 관점을 접하게 된다. 나와 다른 생각과 의견을 존중하고, 동시에 자신의 주장과 논점에 대해 객관적으로 바라볼 수 있는 안목을 기른다. 여기서 중요한 것은 상대방의 생각에 다른 관점을 제시할 뿐 상대방을 부정하지 않는다는 것이다. 싸움처럼 보이던 토론과 논쟁이 끝나고 나면, 자신의 생각을 넓혀 준 상대방에게 고마움을 갖기 때문에 언제 그랬냐는 듯 두 사람은 친구가 된다.

하브루타 토론은 먼저 상대의 의견을 경청하는 것부터 시작된다. 상대방이 토론을 마치면, 다른 파트너는 상대의 의견에 대한 다른 의견을 논리적 근거로 반박한다. 이러한 토론과 반론의 반복이 하브루타다. 논리적인 근거로 상대방과 다른 생각을 찾아내는 것, 이것이 유대인의 창의력이 길러지는 과정이다. 일상에서 하브루타를 하는 유대인의 창의력이 높은 이유가 여기에 있다.

하브루타의 한 가지 특징은 수평적 관계다. 어린아이와 랍비가 하브루타를 하더라도 아이는 랍비와 토론을 동등하게 여긴다. 랍비 또한 아이라고 얕보지 않는다. 수직적인 인간관계에서는 창의적인 생각을 기대하기 어렵다. 아이는 랍비의 말이라고 무조건 맞는다고 생각하지 않는다. 아이는 거침없이 랍비에게 질문한다. 유교 문화가 뿌리 깊은 한국 사회에서는 좀처럼 보기 힘든 광경이지만, 유대인 사회에서는 어디에서나 볼 수 있는 흔한 광경이다.

하브루타 학습법의 또 다른 특징은 온몸을 움직이며 토론을 하는 것이다. 예시바 도서관에서 둘이 짝을 지어 하브루타를 하는 사람을 보노라면 앞뒤로 몸을 흔들거나 두 팔을 모두 사용해 토론하는 모습을 볼 수 있다. 유대인 말에 이런 표현이 있다.

"몸의 움직임은 두뇌의 움직임을 돕는다."

하브루타에 깊이 빠져 자신이 몸을 사용하는 줄도 모르는 경우가 많다. 온몸을 움직여 하브루타에 집중함으로써 두뇌는 최고의 아이디어를 만들어낸다. 유대인 격언에 이런 말이 있다.

"100명이 있다면 100개의 대답이 있다."

예시바의 한 랍비는 이렇게 말한다.

"《탈무드》는 항상 '이럴 수도 있지만, 저럴 수도 있다'는 식으로 질문합니다. 질문을 받은 사람이 스스로 자기 답을 알아내도록 하는 것이지요."

이는 하브루타가 무엇을 지향하고 있는지 분명히 말해주고 있다. 유대인은 하브루타를 통해 남과 다른 자신만의 답을 찾아내려고 한다. 토론을 통해 자신만의 답을 찾아가는 과정인 하브루타는 두뇌를 가장 효과적으로 자극하는 학습법이다. 미국의 유명한 교육학자인 에드가 데일Edga Dale은 '학습 피라미드' 이론에서 조용히 눈으로 하는 공부에는 한계가 있다고 지적했다. 그에 따르면 사람들은 '읽은 내용의 10퍼센트', '들은 내용의 20퍼센트', '눈으로 직접 본 내용의 30퍼센트', '듣고 본 내용의 50퍼센트', '자신이 쓰거나 말한 내용의 70퍼센트', '실제로 경험한 내용의 90퍼센트'를 기억한다. 인간은 경험만을 통해 학습할 수 없기 때문에 하브루타를 통한 학습법은 사실상 최고의 학습법이다.

하브루타 효과는 2014년 EBS 〈다큐프라임〉 6부작 '왜 우리는 대학에 가는가 – 5부, 말문을 터라'에서 이미 입증된 적 있다. 당시 '말하는 공부방과 조용한 공부방' 중 말하는 공부방이 수능형, 서술형, 단답형 답변 모든 분야에서 조용한 공부방에 비해 두 배 가까운 점수를 받았다. 이유는 분명하다. 사람들은 눈으로 읽고 자신이 이해했다는 착각에 빠지기 쉽다. 막상 '말로 설명해보라'고 하면, 설명하지 못하는 경우가 부지기수다.

하브루타는 메타인지 과정이다. 메타인지란 한 단계 고차원 인지를 의미한다. 메타Meta와 인지Recognition의 합성어로 '알고 있음을 안다는 것'이다. 내가 무엇인가를 아는 것은 내가 모르는 것을 인지하는 것이다. 메타인지는 자신이 알고 있거나 모르는 것을 스스로 객관적으로 보기 때문에 고차원 학습방법이다. 공부할 때 친구에게 설명하는 방법은 단순히 강의 듣기에 비해, 18배 학습 효과가 있다고 한다. 설명하는 학습방법이 얼마나 효과 있는지 알려주는 대목이다.

하브루타로 단련이 된 유대인은 말과 토론에 재주가 있다. 하나님과의 계약인 율법을 평생 따르기 때문일까? 유대인은 특히 법조계 진출이 두드러진다. 미국 명문 법대 재학생의 30%가 유대인이다. 하버드 법대에만 유대인법대생연합회 회원이 300명 이상이라고 한다. 미국의 최고법원인 연간 대법관 9명 중 3명이 유대인으로 알려져 있다. 하브루타가 현실에서 가장 위력을 발휘하는 곳이 바로 법정이다. 미국 전체 변호사의 40% 이상을 유대인이 차지하는 것은 전혀 놀랍지 않다. 더 흥미로운 사실은 유대인 변호사의 선임료가 가장 비싸다는 것이다. 일상에서 하브루타를 한 유대인 변호사의 승소율이 다른 사람에 비해 훨씬 높기 때문이다.

어린 나이부터 하브루타식 훈련을 한 유대인은 법조계 외에 언론계에서도 유명하다. ABC, CBS, NBC 등 3대 공중파 방송은 모두 유대인에 의해 설립됐다. 〈나이트 라인〉의 진행을 수십 년 이끈 테드 커플Ted Koppel과 ABC의 대표적인 프로그램인 〈20/20〉의 앵커우먼 바바라 월터스Barbara Walters도 유대인이다. 유대인의 활약은 주요 신문사도 예외가 아니다. 〈워싱턴포스트〉, 〈뉴스위크〉, 〈뉴욕타임스〉 모두 유대계가 소유하거나 관여하고 있다. 사람에게 재치와 유머로 웃음을 주는 코미디언의 80% 이상이 유대인이다.

하브루타는 유대인의 생각하는 힘 그 자체다. 하브루타는 원래 둘이 해야 하지만, 불가피한 경우에는 혼자서도 가능하다. 대표적인 사례가 명탐정의 추리 과정이다. 명탐정은 '또 다른 자신'과 머릿속으로 끊임없이 논쟁과 토론을 한다. 이 둘은 주장과 반론을 반복하면서 논리적 추리를 이어 나간다. 즉 하브루타식 생각을 하는 것이다. 하브루타는 참여하는 사람들의 생각을 더 날카롭게, 더 논리적으로 만들어준다.

아이가 뭔가를 질문하려고 할 때 부모가 무심코 내뱉는 말들이 있다. "시끄러워!", "조용히 좀 해!", "눈으로 좀 읽어!" 하며 살이 베일 듯한 날카로운 감정을 실어 아이를 주눅 들게 한다. 아이의 배움은 이미 저만치 사라진다. 아이에게 하브루타의 기회를 주자. 입으로, 몸으로 소리내어 공부하게 하자. 부모에게 거침없이 다가와 자신이 터득한 것들을 조잘조잘 이야기하도록 하자. 차분히 자녀의 이야기를 듣고, 자녀의 호기심을 더 깊게 할 질문거리를 던져보자.

부모는 아이의 최초이자 평생의 하브루타 파트너다. 아이와 함께 하브루타로 두뇌를 깨워 춤을 추게 하자. 온몸을 이용해 아이와 함께 하브루타에 빠져보자. 하브루타로 아이는 남과 다른 생각을 하게 된다. 하브루타가 일상이 되면 창의력을 높이는 것은 시간의 문제다. 하브루타로 창의력이 높은 아이, 21세기 4차 혁명 사회에 걸맞은 인재로 키워보자. 자녀의 성공의 기회가 넓어질 것이다.

마타호쉐프네 생각은 뭐니?,
질문으로 상상력과 창의력이 자란다

'줄 세우기' 교육이 가능하기 위해서는 전제가 필요하다. 바로 정답은 '하나'여야 한다는 것이다. 정답이 여러 개면 줄을 세우기 어렵다. 공정성 문제가 발생하기 때문이다. 우리나라 입시 부정이 온 국민의 지탄을 받는 이유가 여기에 있다. 내 자녀 '줄 세우기'의 결과물은 주입식 교육이다. 슈퍼컴퓨터와 AI 인공지능의 시대가 이미 현실로 다가왔지만, 한국 아이들은 한 줌 지식을 머릿속에 넣기 바쁘다.

"마타호쉐프네 생각은 뭐니?"는 유대인이 자녀에게 가장 많이 하는 질문이다. 한국 사회에서 중요한 것은 자녀의 생각이 아니라 정답이다. 그러나 유대인에게 중요한 것은 자녀의 생각과 그 논리적 근거다. 마타호쉐프에는 아이의 생각에 대한 존중이 숨어 있다. 듣고 싶은 정해진 답이 아닌, 자녀 자신만의 답에 대한 존중이다.

정답이 없기 때문에 유대인 부모는 자녀의 대답을 격려하고, 응원한다.

유대인은 질문을 중요시 여기는 민족이다. 《탈무드》 전문가 마빈 토케이어는 이렇게 말했다.

"유대인 학교에서 가장 훌륭한 학생은 '좋은 질문'을 하는 학생입니다. 좋은 질문을 하는 학생이 학급의 리더가 되지요."

질문의 중요성을 지적한 대목이다. 유대인 부모가 수시로 자녀에게 스스로의 생각을 묻듯, 자녀가 가정과 학교에서 질문하기를 원한다. 학교에서 돌아온 자녀에게 이들의 첫마디는 "선생님께 오늘은 무엇을 질문했니?"다. 반면, 한국 부모의 질문은 "오늘 선생님 말씀 잘 들었니?"일 것이다. 유대인 부모가 자녀를 창조적 · 능동적 인재로 만든다면, 한국 부모는 자녀를 수동적 인재를 만든다. 실로 엄청난 차이이다.

좋은 질문은 그 자체가 절반의 배움이다. 1944년 노벨물리학상 수상자 이시도어 라비Isidor Isaac Rabi는 다음과 같이 인터뷰했다.

"학교를 마치고 집에 돌아가면, 다른 엄마들이 오늘 학교에서 무엇을 배웠냐고 물을 때 저의 엄마는 오늘 학교에서 무슨 질문을 했는지를 물었습니다."

또한《탈무드》에는 이런 말이 있다.

“교사는 혼자만 알고 떠들어서는 안 된다. 만약 아이가 듣기만 한다면 가르치는 것이 아니라, 앵무새를 키우는 것일 뿐이다. 교사가 이야기하면 학생은 거기에 대해 질문을 해야 한다.”

예로부터 질문을 중요시한 이스라엘에는 ‘질문하는 방법’을 교과 과목으로 채택한 학교가 많다고 한다.

유대인들에게 질문은 학교에서만 중요한 것이 아니다. 질문은 일상의 생활에서 중요하다. 때로는 아이들의 엉뚱한 질문에 당황할 수도 있다. 지하철을 타고 가는데, 차량에서 혼자 알 수 없는 말을 중얼대는 사람을 보고, “엄마, 저 형은 왜 혼자 말하죠? 누구한테 이야기하는 거예요?”라고 질문할 수 있다. 한국 엄마는 “너는 무슨 그런 질문을 하니? 조용히 해!” 또는 “보지 마. 모른 척해”라고 대답한다. 그러나 유대인 엄마는 “글쎄 왜 그럴까? 너는 저 형이 왜 그런다고 생각하니?”라며 자녀의 호기심과 궁금증을 이어가게 한다. 유대인 부모는 자녀가 나중에 커서 아픈 사람을 치료하는 방법이나 치료제 발명을 상상할지 모른다.

유대인은 “좋은 질문, 쓸모 있는 질문은 있을 수 있지만, 세상에 나쁜 질문, 쓸데없는 질문은 없다”고 말한다. 마빈 토케이어도 비슷한 이야기를 했다.

“아이들이 던지는 모든 질문은 절대 그릇된 것이 없으며, 오로지 어른들의 빈약하고 잘못된 답변만이 있을 뿐이다."

자녀의 질문을 평가하면 자녀는 입을 닫아버린다. 질문을 하라고 하고, 좋은 질문과 나쁜 질문을 부모가 판단하는 것처럼 어리석은 일이 없다. 또한 유대인 격언에 이런 말도 있다.

"인내심이 부족한 사람은 남을 가르치는 스승이 될 수 없다."

유대인 부모는 아이가 여러 번 질문해도 귀찮아 하지 않는다. 아무리 여러 번 질문을 해도 유대인 부모는 자녀의 질문에 대해 판단하지 않고, 답에 힌트를 주면서 스스로 자신의 생각을 이야기하도록 격려한다.

교육 전문가들은 질문에는 두 가지 종류가 있다고 한다. 정답이 하나인 질문인 수렴적 질문과 정답이 없는 질문인 확산적 질문이다. "사과 4개 더하기 사과 5개는 얼마일까?"는 대표적인 수렴적 질문이다.

"사과가 10개가 되려면 2개 자루에 몇 개씩 들어가야 하니? 왜 그렇게 생각하지?"

수렴적 질문을 확산적 질문으로 고쳐봤다. 이처럼 수렴적 질문은 단순한 사실이나 단편적인 지식을 묻는 반면, 확산적 질문은 답변자의 무궁무진한 답변 가능성을 묻는다. 아이들은 확산적 질문으로 창의력과 상상력을 키워 나간다. 이것이 유대인 부모가 아이들에게 마타호쉐프처럼 확산적 질문을 하는 이유다.

미국의 커뮤니케이션 전문가인 도로시 리즈Dorothy Leeds는 자신의 저서《질문의 7가지 힘》에서 질문의 중요성에 대해 이렇게 말했다.

"우리가 일상생활에서 조건반사를 경험하듯 질문도 훈련을 하고 나면 조건반사처럼 답이 나온다. 비록 그것이 틀린 답일지라도 말이다. 좀 더 정확한 답을 원한다면 질문 역시 정확해야 한다. 이런 훈련을 하고 나면 질문 자체만으로도 훌륭한 답을 얻을 수 있다. 질문은 그에 대한 답을 찾아가는 과정에서 논리적인 사고력과 비판적인 안목은 물론, 행동의 기준인 도덕적 판단을 할 수 있는 능력을 배양한다."

유대인 부모는 아이의 질문 자체만을 중요시 여기지 않는다. 이들은 질문을 받고, 논리적으로 대답하는 것도 중요하다고 믿는다. 질문은 논리적인 사고를 전제로 하기 때문이다. 이들에게 질문과 답변은 논리적인 사고를 키우는 훈련이기 때문이다. 10살에 랍비가 되어 세상을 놀라게 한 소년이 있었다. 소년 랍비의 부모가 반복해서 시킨 훈련이 있다. 이 훈련은 생각이 정리되면, 분명하게 발표하는 것이다.

질문만큼 논리적 답변을 중요하게 생각하는 유명한 일화가 있다. 유대계 미국 대통령 존 F 케네디John F. Kennedy는 세계적으로 뛰어난 토론가로 유명하다. 그는 자신의 토론 실력이 바로 마타호쉐프를 실천한 어머니 로즈Rose 여사 때문이라고 굳게 믿었다. 로즈 여사는 다음과 같이 이야기했다.

"세계의 운명은 자신의 생각을 남에게 전할 수 있는 사람들에 의해 결정된다."

그녀는 다양한 신문기사를 집 안에 붙여 놓고, 식사 때마다 "네 생각은 뭐니?"라고 수없이 케네디에게 질문했다고 한다.

솔직히 자녀의 질문이 귀찮을 때가 많다. "엄마, 하나님의 엄마는 누구예요?", "왜 하늘은 파란색이죠?", "하얀 구름, 검은 구름 왜 색깔이 다르죠?", "왜 자동차는 물 위로 달리지 않죠?" 이렇게 앞뒤 안 가리고 하는 질문들을 듣고 있노라면, '저런 것을 질문이라고 하나?'라는 생각도 든다. 이런 생각을 이내 못 참고, "좀 제대로 된 질문을 해봐!" 하는 것은 아이의 창의력을 망치는 태도다. 아이의 호기심을 키우지 못하게 하는 발언이다.

초등학교 고학년이나 중학생 자녀가 질문을 하면, 답을 제대로 할 수 있을까 걱정부터 앞선다. 이때 부모가 손쉽게 할 수 있는 말이 바로 마타호쉐프다. 아이의 질문을 살짝 방향만 틀어주는 것이다. 부모의 질문을 받은 아이는 자신의 생각을 정리하려 애쓴다. 책을 열어 답을 찾는 과정에서 더 큰 호기심을 불태울 것이다. 자녀의 호기심을 늘리고, 창의력을 키우는 말인 마타호쉐프는 결코 어려운 말이 아니다.

확산적 질문과 답변으로 자녀의 창의성과 논리적 사고를 기르자. 남과 똑같은 생각과 답변이 아닌, 남과 다른 답, 남과 다른 생각이 바로 창의성, 창조력의 출발점이다. 자녀의 질문은 자신이 알아내려고 했던 것 이상을 찾아내고야 마는 무기가 될 것이다. 기억하자. 자녀의 동기를 최대로 끌어 올리는 한마디, 마타호쉐프.

외국어 교육으로 글로벌 시대를 준비한다

외국어 두세 개 정도는 능수능란하게 하는 글로벌 인재는 누구나 원하는 자녀 교육 인재상이다. 어느 나라 말을 언제부터 시킬지, 영어는 기본이고 G2 시대에 중국어도 해야 할 것만 같다. 외국어 공부의 완벽한 타이밍은 언제인지 등, 자녀의 외국어 공부에 대한 고민들로 부모들은 갈팡질팡한다. 한국어도 완벽하기 전에 영어 유치원을 알아보거나, 영어학습지, 외국어 동영상 등 부모가 아이보다 더 열심이다.

히브리어를 국어로 선포한 1922년 전까지만 해도 유대인은 히브리어를 일상에서 사용하지 않았다. 대신 거주하는 국가의 언어 또는 이디시어 등을 사용했다. 히브리어는 《성경》을 읽을 때만 사용했다. 이들은 수천 년 동안 히브리어를 일상적으로 사용하지 않았지만, 《성경》을 읽기 위해 히브리어 공부를 할 수밖에 없었다.

해외에 거주하는 유대인 자녀는 현지 언어와 제2 외국어를 가르치는 정규 학교와 히브리어로 공부하는 유대인 학교를 동시에 다닌다. 이스라엘에서는 히브리어가 국어이고, 영어는 공용어다. 히브리어를 할 줄 못해도 영어로 생활하는 데 어려움이 없다. 대학을 나오면 히브리어, 영어 외에 한두 개의 외국어를 더 구사한다.

유대인이 외국어를 구사한다는 것은 해당 외국어로 대화한다는 것을 의미한다. 사실 우리나라도 학교 교육과정에서 영어 외에 제2 외국어를 배우기 때문에 3개 언어는 기본이다. 그러나 외국에서 생활한 경험이 없다면, 영어를 10년 넘게 공부했는데도 외국인과의 대화는 여전히 부담스럽다. '장롱 영어', '장롱 외국어'다. 외국인과 실제 말하고 의사소통할 수 없다면 이것은 외국어를 공부한 것일 뿐 외국어를 구사한다고 할 수 없다. 바로 이 부분이 유대인과 다른 점이다.

유대인의 외국어 교육법은 남다르다. 이들은 알파벳부터 가르치지 않는다. 철자를 가르치지 않고 영어로 1년간 수업을 한다. 우리가 모국어를 배울 때 알파벳부터 배우지 않는 같은 원리다. 외국어를 '공부'로 익히는 것이 아니라, '의사소통을 위한 수단'으로 흥미를 일깨우는 것이다. 이들은 문법과 철자를 배우지 않고, 상황에 맞춰 모국어를 배우듯 외국어를 배운다.

언어 교육학에서는 이러한 언어 학습 효과를 '주변부 집중 효과'라고 한다. 이 이론에 따르면 언어 교육의 경우, 본래 목적이 아닌 부수적인 목적일 때 외국어 학습 효과가 높아진다고 한다. 실제 아이들은 다양한 외국어 놀이를 통해 철자와 문법을 알지 못해도 충분히 외국어를 구사한다. 해외에 거주하는 유대인 자녀는 히브리어를 외국어로 공부하는 것이 아니라, 히브리어로 된 《토라》와 《탈무드》를 공부하기 때문에 저절로 자연스럽게 히브리어를 익히게 된다. 모든 외국어도 마찬가지다. 외국어 자체가 목표가 되면, 아이는 부담을 느끼고 흥미를 잃기 쉽다.

유대인이 외국어에 남다르게 뛰어난 데는 또 다른 이유가 있다. 바로 디아스포라라는 역사 자체다. 디아스포라는 유대인에게 고난의 역사였지만, 덕분에 다른 나라의 언어와 문화를 익힐 수 있는 기회이기도 했다. 현존하는 유대인의 대부분은 세계대전에서 박해를 피해 미국으로 이민을 가거나, 1948년 독립 이후 이스라엘에 정착한 유대인과 그 자손이다. 조부모와 부모에 이르기까지 이민자의 생활과 문화로 조상의 다중언어 문화와 DNA가 자손들에게 자연스럽게 이어지고 있다. 어릴 때부터 유대 명절이나 휴가 때에 세계 각지에 흩어져 사는 친지와 가족의 잦은 만남은 유대인의 다중언어 능력을 키우는 훌륭한 자양분이다.

유대인 자녀의 외국어 교육에는 이스라엘 유대인 캠프가 중요한 역할을 하고 있다. 미국 유대인 부모는 매년 여름 방학에 자녀를 유대인 캠프에 보낸다. 이들은 해마다 세계 각지로부터 모여든 다양한 국가의 또래 친구들을 만나게 된다. 언어와 문화가 다름은 말할 것도 없다. 유대인이라는 한 가지 이유만으로 하나님이 《성경》에서 약속한 민족의 나라에서 여름 캠프 내내 함께 생활한다.

연례적인 유대인 캠프는 유대인의 정체성과 민족의 동질성, 더 나아가 애국심을 키우는 결정체다.

기네스북에 세계 최연소 박사 학위 기록을 가진 칼 비테Karl Witte 주니어를 키운 아버지 칼 비테의 외국어 교육법이 최근 회자되고 있다. 칼 비테의 외국어 교육 방법은 3단계로 구성된다. 첫째, 현장을 아들과 함께 찾아가 사물을 보여주며 이름을 알려준다. 이를 위해 칼 비테는 사물이 있는 현장에 아들을 매번 데려가는 수고를 마다하지 않았다. 둘째, 사물에 대해 설명해주고 아들과 토론한다. 셋째, 아들에게 사물에 대한 생각을 다른 사람에게 설명하도록 한다. 칼 비테의 외국어 교육법은 단순히 단어를 암기하는 데 그치는 것이 아니라, 단어를 이해하고 설명하면서 완벽하게 구사하는 과정이다. 외국어를 '기억'하고, '생각'하며, '표현'하니 외국어를 잘할 수밖에 없다.

어느 맘카페에 초등학교 엄마의 하소연이다. 초등학교 1학년 때부터 3년째 동네 소규모 영어학원에 자녀를 보내고 있다. 아이는 딱히 영어를 좋아하지도, 싫어 하지도 않는다. 또한 영어를 잘하지도, 못하지도 않는다고 한다. 문제는 스케줄이다. 매일 태권도에 가고, 사고력 수학은 주 3회, 미술은 주 1회를 보낸다. 한자 공부를 하고, 국어학습지를 하며, 피아노학원에도 보낸다. 각종 사교육을 하느라 영어학원을 보내는 일정이 부담스러워 같은 비용으로 원어민 과외를 고민 중이라는 이야기다. 영어 교육의 효과성을 고민하는 것이 아니라, 학원들 스케줄 조정을 위해 사교육 방법을 학원에서 방문과외로 바꾸면 어떤지를 육아 선배들에게 묻고 있다. 출구가 없어 보이는 사교육 고민에 안타까울 따름이다.

사교육에 의지하지 말고 영어를 가르쳐보자. 그리고 외국어를 모국어처럼 가르쳐보자. 아이가 〈겨울왕국〉 만화영화를 좋아한다면, 아이에게 〈겨울왕국〉을 반복해서 틀어주고, 주요 영화 음악을 함께 불러 보자. 아이는 영어를 공부하는 것이 아니라 좋아하는 음악을 들으며, 자연스럽게 영어를 배우게 된다. 아이가 일본 만화를 좋아한다면 만화를 본다고 야단칠 것이 아니라, 일본어를 배우는 기회로 삼아보자.

아이가 중국 무술영화나 홍콩영화를 좋아한다면, 만다린 중국어나 광동어 몇 마디를 자연스럽게 익힐 수 있다. 중국어의 지방 언어는 우리나라의 지역 언어와 어떻게 다른지 설명을 해주자. 대만의 번자체와 중국의 간자체가 어떻게 다른지 알려주자. 중국어에 대한 아이의 흥미가 획기적으로 늘어날 것이다. 외국어를 모국어처럼 배우는 지름길, 주변부 집중 효과는 생각보다 멀지 않은 곳에 있다.

부모들의 사교육 부담 중 영어 등 외국어 사교육 부담은 결코 만만치 않다. 그렇다고 아이들이 길에서 만난 외국인에게 자연스럽게 회화를 하는 것도 아니다. 오히려 학교에서 배우는 영어에 대한 흥미를 떨어뜨리는 역효과를 낳는 경우가 많다. 비싸게 가르치지만 마땅히 활용도 못하는 애물단지 영어다. 한마디로 우리나라 영어 사교육은 요즘 말로 가성비가 너무 낮다. 딱히 부모가 영어를 배워서 가르칠 자신이 없기에 부모 입장에서는 울며 겨자 먹기다.

영어 사교육 가성비를 높여보자. 아이를 해외 영어 캠프에 혼자 보내기보다 여름 휴가를 이용해 아이와 함께 해외 봉사를 다녀오는 것도 좋은 방법이다. 아이와 외국을 여행하다 보면 아이가 어른보다 생존 외국어를 더 빨리 습득한다. 외국의 지물, 지형, 문화, 언어 등 스마트폰을 이용해서 능수능란하게 해결해낸다. 아이들의 언어 능력은 가히 천부적이다. 외국 여행지가 영어권이 아니라면, 아이는 현지어와 영어를 함께 활용해야 한다. 외국어의 중요성에 눈을 뜨는 평생 잊지 못할 계기가 될 것이다. 아이들은 해외여행에서 배운 현지 언어를 부모와의 추억과 함께 인생에서 가장 효능감을 느꼈던 한때로 기억할 것이다.

CHAPTER 4

밥상머리 교육, 공동체 정신을 배우다

유대 왕국이 로마 제국에 의해 멸망 당한 뒤 수천 년간 흩어져 살아오면서도 유대인은 성전의 제단을 가정의 식탁으로 가져와 사바트를 지켜왔다. 유대인이 박해를 받을 때 가장 먼저 공격받는 곳이 유대인 회당이다. 회당에 나가 랍비와 함께 예배를 드릴 수 없을 때 유대인은 가정에서 아버지가 랍비 역할을 하며 사바트를 지켰다. 유대인은 가정의 식탁을 앨터Alter, 즉 제단이라고 부른다. 이처럼 유대인에게 가정은 성전이며, 사바트는 수천 년 동안 지켜 내려온 예배인 것이다. 숱한 고난과 박해 가운데에도 나라 없이 수천 년 유대 민족을 공동체로 지켜온 것은 바로 사바트다.

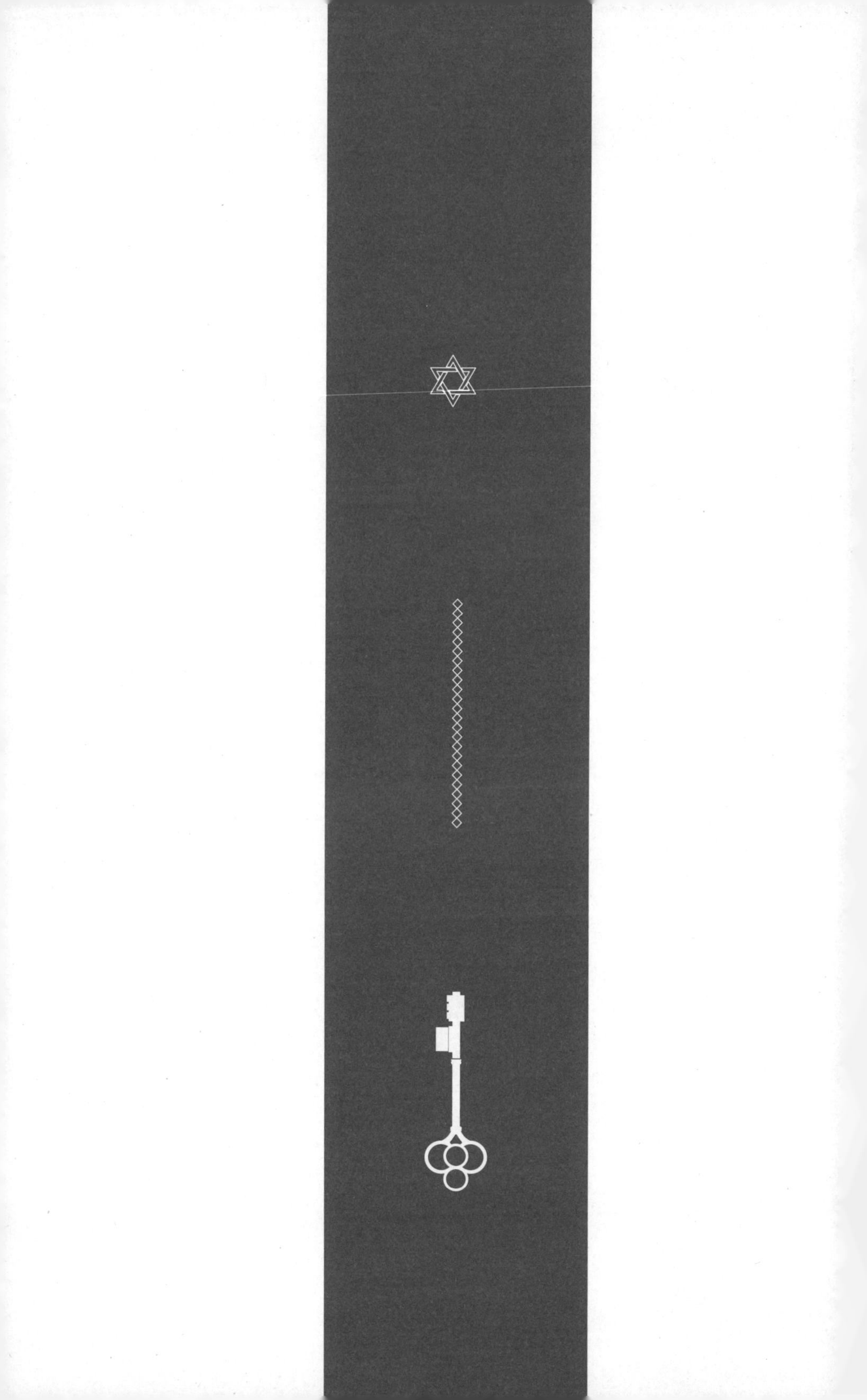

유대인을 민족공동체로 만든 결정적인 힘, 사바트안식일

토요일과 일요일, 이틀을 쉬는 것을 당연하게 여기는 주 5일 근무제가 이미 정착됐다. 그러나 우리나라에서 주 5일 근무가 시작된 것은 불과 2004년도 7월 1일이다. 이후 주 5일 근무제도는 매년 순차적으로 사업장 규모에 따라 확대됐다. 따라서 2004년 이전에는 주 6일 근무가 보편적이었다. 주 6일 근무제도 당시부터 천주교인과 기독교인은 일요일에 예배를 드려왔다. 주 5일 제도가 도입된 지금도 우리나라의 성당과 교회는 일요일에 주일 미사와 주일 예배를 진행한다.

유대인들에게 주일 예배는 무엇일까? 바로 가정에서 이뤄지는 사바트안식일로 금요일 저녁부터 토요일 해질 때까지를 의미한다. 《성경》에 따르면 하나님은 6일 동안에 세상을 창조하시고 일곱 번째 되는 날에 안식하셨다. 또한 하나님은 유대인들이 이집트를 탈출해 광야에서 지낼 때 안식일 전날, 이틀분의 만나를 챙겨주셨다. 유대인은 하나님이 7일째 되는 날 안식하신 것을 기념하고, 안식일을 공휴일로 지켜왔다.

사바트는 히브리어로 '일을 그만두다', '휴식하다'라는 뜻이다. 실제 유대인에게 안식일은 모든 일이 금지된 시간이다. 어른은 물론이고, 아이도 숙제를 포함해서 일을 해서는 안 된다. 안식일에는 심지어 유대인 부모는 자녀에게 화를 내서도 안 된다. 출애굽기에 따르면 하나님은 이렇게 말씀하셨다.

"안식일에는 너희의 모든 처소에서 불도 피우지 말라."

유대인은 이 말의 의미를 화를 내서는 안 된다는 의미로 이해하기 때문이다.

안식일에 일을 하지 않는다는 의미는 매우 엄격하다. 어떠한 창조적인 것도 허용되지 않는다. 밥을 짓기 위해 전기를 켜고 끄는 것, 여행을 포함해 자동차를 타는 것, 전화기를 사용하는 것, TV를 켜는 것, 심지어 화장지를 찢는 것도 금지되어 있다. 안식일을 지키기 위해 유대인은 전기나 전열을 켜지 못하도록 방, 거실, 복도 등 스위치가 보이는 곳마다 테이프를 붙여두거나 휴지도 미리 찢어 놓는다. 일부 유대인 가정은 시계도 태엽으로 돌아가지 못하도록 멈추게 하고, 손목시계도 풀어 놓는다.

유대인은 안식일을 본격적으로 시작하기 전에 정결의식을 갖는다. 정결의식은 안식일 저녁 식사 전에 이뤄진다. 수돗물을 틀어 먼저 왼손으로 오른손에 2번 물을 붓고, 반대로 왼손에 2번 물을 부은 후 수건으로 말린다. 정결의식 후 가족들이 식탁에 모두 모이면, 유대인 엄마가 먼저 2개의 초를 밝힌다. 한편, 유대인 아버지는 일어나 유대인 기도문을 모아둔 〈카드쉬〉의 한 소절을 읽는다. 이후 아버지는 유대인 아내를 축복한다. 기도가 끝나면 아버지는 빵을 아내와 자녀에게 나눠주며, 자연스럽게 한 주간에 있었던 대화를 이어간다.

유대인은 안식일을 위해 미리 이틀분의 음식을 준비한다. 가족들이 모두 함께 모여 미리 준비한 음식을 먹으며, 대화하고 기도하고, 《토라》와 《탈무드》를 공부한다. 때로는 집 근처에 있는 회당에서 기도와 공부를 할 수 있다. 물론 회당은 자동차를 타고 갈 수 없어 인근에 걸어 갈 수 있는 거리여야 한다. 안식일은 그 누구로부터도 방해받지 않는 오로지 가족 공동체의 시간이다. 유대인들에게 언제가 가장 행복한 순간이냐고 물으면, 대부분의 유대인은 가족과 함께 모여 식사하면서 대화를 나누는 '사바트'라고 답한다.

유대인 사상가 아하드 하암Ahad Ha-am은 이렇게 말했다.

"사바트를 유대인이 지킨 게 아니라 사바트가 유대인을 지켰다."

유대 왕국이 로마 제국에 의해 멸망 당한 뒤 수천 년간 흩어져 살아오면서도 유대인은 성전의 제단을 가정의 식탁으로 가져와 사바트를 지켜왔다. 유대인이 박해를 받을 때 가장 먼저 공격받는 곳이 유대인 회당이다. 회당에 나가 랍비와 함께 예배를 드릴 수 없을 때 유대인은 가정에서 아버지가 랍비 역할을 하며 사바트를 지켰다. 유대인은 가정의 식탁을 앨터Alter, 즉 제단이라고 부른다. 이처럼 유대인에게 가정은 성전이며, 사바트는 수천 년 동안 지켜 내려온 예배인 것이다. 숱한 고난과 박해 가운데에도 나라 없이 수천 년 유대 민족을 공동체로 지켜온 것은 바로 사바트다.

유대인이 사바트를 얼마나 소중히 여기고, 지키려고 하는지를 보여주는 유명한 일화가 있다. 바로 제3차 중동전쟁인 6일 전쟁이다. 1967년 이집트 대통령 나세르Nasser가 일방적으로 시나이 반도에 주둔한 유엔군을 몰아냈다. 그는 해협을 봉쇄하고, 더 나아가 이스라엘 선박의 통과를 금지시켰다. 이것이 계기가 되어 이집트와 이스라엘은 전쟁을 시작한다. 당시 이스라엘은 이집트, 요르단, 시리아를 단 6일 만에 격파했다. 이후 이스라엘은 자발적으로 휴전해 전쟁을 종료하고, 7일째 안식일을 지킬 수 있었다.

안식일을 지킨 다른 사례도 있다. 세계 최고의 프로야구 결승전인 1965년 월드시리즈에서 유대인 샌디 쿠팩스Sandy Koufax는 첫 번째 경기에서 선발투수의 명예를 스스로 포기했다. 유대교의 전통인 대속죄일을 지키기 위한 것이 포기의 이유였다. 모든 야구선수가 부러워하는 선발투수의 기회를 유대교의 율법을 따르기 위해 포기한 것이다. 이런 그의 모습은 전 세계의 유대인들에게 자랑이자, 유대인 스스로 유대인임을 자랑스럽게 여기는 계기가 됐다.

미국에 있는 유대인 박물관에는 어김없이 안식일 기물들이 전시되어 있다. 독일 나치 시절에 죽음의 캠프에 들어갈 때도 유대인들이 빼놓지 않은 것이 안식일 기물들이다. 제2차 세계대전 당시 유대인이 박해를 피해 미국 등 이민을 갈 때도 아무리 짐이 많아도 안식일 기물만큼은 포기하지 않고 챙겼다고 한다. 유대인은 안식일을 목숨처럼 지켜냈고, 그 안식일이 유대인을 지켜낸 것이다. 유대인이 지켜온 안식일은 유대 공동체의 정체성을 지키는 한편, 가족 공동체도 지켜냈다. 때로는 할아버지나 할머니 댁에서 안식일을 지키며, 가족 공동체 의식과 가족 유대감은 자연스럽게 높아진다.

안식일은 유대인이라면 반드시 지켜야 할 계명이다. 유대인 부모는 자녀가 4살이 되면, 안식일에 대해 설명하고, 자녀를 안식일에 참여시켜야 한다. 《토라》 십계명 구절에서 안식일에 대해 이렇게 쓰여 있다.

"안식일을 기억해 거룩하게 지켜라. 엿새 동안은 힘써 모든 일을 행할 것이나, 일곱째 날은 네 하나님 여호와의 안식일인즉 너나 네 아들이나 네 딸이나 네 남종이나 네 여종이나 네 가축이나 네 문 안에 머무는 객이라도 아무 일도 하지 마라. 이는 엿새 동안에 나 여호와가 하늘과 땅과 바다와 그 가운데 모든 것을 만들고 일곱째 날에 쉬었음이라. 그러므로 나 여호와가 안식일을 복되게 해 그날을 거룩하게 했느니라."

가정은 휴식의 공간이다. 내일을 위한 재충전의 공간이다. 평화롭고, 안전해야 하는 공간이다. 맞벌이 부부가 직장에서 일하고 난 후 피곤한 몸을 휴식하는 공간이다. 학교와 학원에서 학업 스트레스와 친구 관계로 상처를 입은 자녀가 힐링하는 공간이다. 가족 구성원 모두가 힐링과 재충전을 간절히 원하고 있지만, 막상 집 안에 함께 있으면 가정은 재충전과 힐링의 공간이 되기 쉽지 않다. 서로에 대한 비난과 못마땅함이 긴장으로 이어져 일촉즉발 직전이 되기도 된다. 각자 방문을 닫고 생활하며, 소통의 장벽을 두텁게 친 지 이미 오래다.

유대인의 사바트는 한국의 가정에 어떤 의미를 던질까? 한국인 부모가 사바트를 직접 지키지는 않아도 사바트의 정신을 살펴볼 필요가 있다. 일주일에 하루만이라도 자녀를 야단치거나 자녀에게 불만을 표현하지 않는 날을 가져보자. 자녀가 좋아하는 음식을 함께 만들고, 자녀가 좋아하는 놀이를 하며, 오롯이 자녀와의 즐거운 시간을 가져보자. 스트레스와 교우관계 문제, 선생님과의 갈등에 대한 자녀의 수다를 즐겁게 들어보자. 어느새 자녀가 부모 곁에 머무는 시간이 늘어난다. 부모 곁으로 한 발 더 다가올 것이다. 자녀와 격 없이 소통하는 부모는 이 세상에서 가장 행복한 부모다. 자녀의 미래와 행복이 한층 더 밝아진다.

일주일의 하루만큼은 하던 일을 멈춰보자. 가족과 온전한 휴식을 가져보자. 자녀의 주말 학원 보충수업보다 필요한 것이 가족 간의 일상적인 추억이다. 좋은 추억을 쌓은 가족은 유대감과 공동체 의식이 높다. 개인에게 어려움이 닥칠 때 유대감과 공동체 의식이 높은 자녀는 가족의 지지를 받으며, 어려움을 극복할 힘을 얻게 된다. 5000년 고난의 역사 속에서 유대인을 지켜온 비밀, 안식일을 매주 가족의 날로 이용해 자녀에게 어려움이 닥쳐도 극복해낼 수 있는 힘의 원천을 만들어주자.

타인을 배려하는 마음, 쩨다카자선

영국의 한 조사에 따르면, 한국인은 10만 원을 벌어 500원을 기부한다고 한다. 이들이 조사한 한국인의 기부지수는 153개국 중 81위다. 소득은 늘어났지만, 한국인들에게 기부는 아직 낯선 측면이 있다. 이마저도 TV에서 희귀질환자 등 안타까운 사연을 보고 듣거나, 지인의 권유에 의해 이뤄지는 경우가 대부분이다. 한국인에게 기부는 아직 생활화되지 않았다.

전 세계 국가 중에 유대인이 가장 많이 사는 나라는 미국이다. 미국에서 유대인의 인구는 2%로에 불과하지만, 이들의 기부액은 미국의 총기부액의 45%를 차지하고 있다. 유대인이 기부의 민족이라 불리는 이유다. 그러나 정작 히브리어 사전에는 '자선'이란 단어가 없다. 자선과 가장 유사한 단어는 '해야 할 당연한 행위, 정의'란 뜻의 '쩨다카Tsedaqah'다. 유일신을 믿는 기독교와 유대교에서는 하나님과 관계를 개선하는 방법으로 회개와 기도가 있다. 유대교에는 이 두 가지 외에 한 가지가 더 있는데, 이것이 바로 쩨다카다.

랍비 도인은 《유대인으로 살기》에서 유대인의 삶을 실천하는 세 가지자선, 코셔, 안식일 중 자선을 가장 으뜸으로 꼽았다. 유대인의 지혜서 《탈무드》에는 이런 말이 있다.

"많은 사람들에게 좋은 것을 베풀면 그 이름이 영원히 남을 것이다."

《탈무드》의 자산 부분에는 이런 구절도 있다.

"양초 한 자루의 촛불로 여러 개의 양초에 불을 붙여도 처음 촛불의 빛은 약해지지 않는다."

유대인 현자는 이렇게도 말했다.

"재물은 악이 아니며, 저주도 아니다. 재물은 사람을 축복하는 것이다. 재물을 가지고 우선 자식을 키우고 교육하는 일을 하라. 그 나머지는 자선선행을 베풀기 위한 것이다."

유대인들이 일상에서 쩨다카를 실천하는 방법에는 여러 가지가 있다. 먼저 '페타트 싸데'다. 《토라》 신명기에는 이런 말이 있다.

"추수할 때 고아와 과부를 위해 낱알을 다 거두지 말고 남겨두라."

이 말씀에 따라 유대인은 추수할 때 밭 네 귀퉁이의 곡식은 그대로 남겨둔다. 이는 가난한 이웃을 위한 자선이다. 이렇게 남겨진 네 모퉁이 땅이 '페타트 싸데'다. 한편, 식당 등 자영업을 하는 유대인은 하루 영업을 마치고, 가게 문을 닫을 때 약간의 음식을 봉지에 담아 밖에 놓아둔다. 이로써 가난한 이웃은 음식을 수치심 없이 가져갈 권리를 갖게 된다.

쩨다카는 일반 가정에서도 실천된다. 유대인은 밥상 모서리에 저금통을 두고, 동전 한두 개를 통 안에 넣는다. 이때 이 저금통을 '푸슈케'Pushke라고 부른다. 푸슈케는 아이들부터 어른까지 모두가 일상에서 실천하는 자선이다. 저금통이 차면 어려운 이웃을 위해 사용한다. 유대인 격언에는 수입의 일부를 자선하지 않으면, 가난한 이웃의 것을 훔치는 것이라는 말도 있다.

랍비 아시Ashi는 쩨다카가 다른 모든 율법을 합친 것만큼 중요하다고 강조했다. 이처럼 유대인과 자선은 삶과 일상에서 떼려야 뗄 수 없는 관계다.

유대인은 쩨다카를 실천하는 데도 품격이 있다고 믿고 있다. 랍비 마이모니데스Maimonides는 자선에는 여덟 단계가 있으며, 이 중에서 최고의 선행은 수혜자에게 직업을 마련해주고, 스스로 생계를 일구어 나가게 하는 것이라고 했다. 쩨다카에서 가장 낮은

등급순으로 살펴보면, 첫째, 아깝지만 마지못해 돕는 것이다. 둘째, 줘야 하는 것보다 적게 주되 기쁘게 돕는 것이다. 셋째, 요청을 받아야 돕는 것이다. 넷째, 요청을 받기도 전에 돕는 것이다. 다섯째, 수혜자는 나를 알지만, 나는 수혜자를 모르고 돕는 것이다. 여섯째, 나는 수혜자를 알지만, 수혜자는 나를 모르고 돕는 것이다. 일곱째, 나와 수혜자가 서로 모르고 돕는 것이다. 여덟 번째, 상대가 스스로 자립할 수 있도록 돕는 것이다.

유대인의 쩨다카는 복지제도로 남아 있다. 유대인은 오래전부터 공동체 내 무료숙박소를 운영했다. 이뿐만 아니라 모든 유대 공동체 회당에는 '쿠파'라 불리는 광주리 모금함이 있다. 지역 공동체 내 유대인의 자선으로 이 쿠파가 비는 적은 없다. 쿠파가 마르지 않는 것은 자선은 율법에 따라 종교적으로 마땅히 지켜야 할 의미이기 때문이다. 유대인 공동체가 최소한의 복지 안전망 역할을 하는 것이다. 유대인 공동체에서는 '유대인 거지는 없다'라는 말은 유대인의 쩨다카 실현 때문이다.

유대인에게 쩨다카는 율법의 가장 중요한 정신인 정의와 평등 중에서 정의를 실현하는 방법이다. 주변 이웃 중에 어려운 사람이 있다면, 유대인은 자신의 재물을 마땅히 떼어 이웃을 돕는 것이 책무라고 생각한다. 이들이 어려운 이웃에게 준 재물은 원래부터 자신의 몫이 아니라고 생각하는 것이다. 유대인의 쩨다카는 유대교 사상인 티쿤 올람 원리와도 맞닿아 있다. 모든 유대인은 쩨다카를 통해 하나님과 함께 불완전한 세상을 개선하고 있기 때문이다.

세상을 놀라게 한 유대인의 쩨다카의 실천 사례에는 여러 개가 있다. 세쿼이아 캐피털의 사령탑 마이클 모리츠Michael Moritz가 대표적이다. 2014년 중국의 알리바바가 미국에서 상장되자, 마윈Ma Yun은 명실상부한 중국 최고의 갑부가 됐다. 당시 알리바바 상장으로 엄청난 투자 이익을 본 사람이 따로 있었다. 바로 알리바바에 소리 없이 투자했던 마이클 모리츠였다. 모리츠는 당시 자신의 재산의 50% 이상을 기부하겠다고 선언했다. 그는 이보다 앞서 2,500억 원 상당액을 영국과 미국의 대학교에 장학금으로 기부했다. 특히 독일계 유대인 이민자였던 아버지 모교인 옥스퍼드 대학교에는 1,900억 원 상당을 기부했는데, 이는 유럽 내 대학 기부금 사상 최고의 금액이었다.

유대인 중 자선으로 둘째가라면 서러운 사람도 있다. 바로 빌 게이츠다. 그의 부모는 한 인터뷰에서 이렇게 말했다

"빌에게 많은 재산을 물려줬다면 마이크로소프트를 세우지 못했을 것이다."

빌 게이츠는 MS의 최고경영자에서 물러난 뒤, 부자의 도덕적 의무를 강조하는 집안 전통에 따라 2000년 자신과 부인 멜린다 이름을 따서 '빌 & 멜린다 게이츠 재단'을 만들었다. 이 재단을 통해 부인 멜린다는 세계의 질병과 빈곤을 퇴치하기 위해, 게이츠는 교육과 IT기술의 접목과 관련된 사업에 집중하고 있다. 이 재단은

세계 최대 규모의 기부금 기금을 운용하는 재단이며, 총모금액은 500억 달러로 한화 60조 원에 이른다.

미국의 기부 역사에서 빼놓을 수 없는 사람이 있다. 인류 역사상 가장 최대 상위 7위 자산가의 아들이자 유대인 존 록펠러 2세 John D. Rockefeller, Jr.다. 그는 평소 이렇게 말하곤 했다.

"나는 사람이 돈 때문에 행복을 얻는 것이 아니며, 행복은 단지 다른 사람을 도움으로써 얻게 되는 느낌이라고 믿는다."

그는 건강한 삶의 비결이 누군가에게 사심 없이 기부하는 데 있다고 밝힌 적도 있다. 그는 메인 주의 섬을 사서 자연환경을 보호 후 국립공원으로 기부했고, 옐로스톤 공원의 자연보호에 수천만 달러를 쓰기도 했다.

TV에서 영양실조로 고통받는 외국 아이들에 대한 기부 광고가 나오면 채널을 돌리는 부모가 있다. 길을 가다 적선을 요청하는 사람을 보면 "저 사람 뒤에는 누군가 시키는 사람이 있을 거야"라고 아이에게 수군대는 부모도 있다. 어렵고 힘든 3D 업종에서 일하는 사람을 보면 "공부를 열심히 하지 않으면 저렇게 된다"라고 아이에게 겁을 주는 부모도 있다. 자선은 나와 타인이 어떻게 연결되어 있는지, 우리 사회 공동체 안에서 어떤 관계를 맺을 수 있는지 이야기해볼 수 있는 좋은 교육 주제다. 우리나라 사회복지 안전망이 충분한 것인지, 충분하지 않다면 가난한 이웃은 어떻게 구제를 받아야 하는지, 지역 공동체 안에서 우리의 역할은 무엇인지 등 토론할 것이 한두 가지가 아니다. 외면이나 합리화가 능사가 아니다.

유대인이 자선을 모든 율법의 합이라고 할 만큼 중요시 여긴 이유는 무엇일까? 유대인 갑부들이 수천억 원, 수조 원을 주저하지 않고 기부하는 이유는 무엇일까? 유대인은 돈은 모으는 데 가치가 있는 것이 아니라, 쓰는 데 가치가 있다는 것을 일찍이 깨달은 것이다. 이들은 거부를 지향하지만, 돈만을 좇지는 않는다. 돈 이상의 가치를 보기 때문에 남은 재물은 기꺼이 사회에 공동체에 돌려주는 것이다. 빌 게이츠의 아버지는 자식에게 돈을 물려줬다면, 오늘의 빌 게이츠는 없었을 것이라고 했다. 어떻게든 자식에게 있는 재산을 증여세 없이 물려주려고 고민하는 한국 부모들이 한 번쯤 생각해볼 대목이다.

실수했을 때 응원의 한마디, 마잘 톱축하한다

호기심에 가득 찬 아이가 거실 이곳저곳을 탐색하고 있다. 날카로운 엄마의 눈은 아이의 위험한 손길이 어디를 향하나 응시하고 있다. 엄마의 예측은 빗나가지 않았다. 진열장 문을 연 아이는 알록달록 유리 장식품들을 만져보더니 유리 장식품을 바닥에 이내 떨어뜨리고 만다. 엄마는 마치 기다렸다는 듯이 날카로운 목소리로 아이를 제압한다.

"내가 이럴 줄 알았어! 엄마가 만지지 말라고 했지! 내가 못 살아 정말!"

아이를 키우는 집 어디서나 흔히 볼 수 있는 풍경이다. 이럴 때 유대인 엄마는 "마잘 톱! 어쩌다 그랬니?"라고 묻는다. 마잘 톱은 히브리어로 '축하한다'라는 의미다. 아이가 장식품을 깬 것을 축하한다고? 유대인의 반응에 한국 부모는 어리둥절할 것이다. 유대인 부모는 아이들의 실수는 당연한 것으로 여긴다. 이들은 아이의 실수를 오히려 성장하고, 발전할 수 있는 기회로 여긴다. 유대인 엄마는 마잘 톱에서 멈추는 것이 아니라, 아이에게 왜 그랬는지 설명할 기회를 준다. 아이는 무엇인지 만져보고 싶었을 뿐이다. 호기심에서다. 아이는 자신의 호기심이 가져올 결과에 대해 이해하지 못한다. 유대인 엄마는 유리 장식품은 이모가 엄마 생일에 준 선물로, 이모가 장식품이 깨진 것을 알면 마음이 아플 거라고 아이에게 차분히 설명한다.

마잘 톱에는 실수와 실패를 격려하는 유대인의 문화와 정신이 있다. 작게는 일상의 조심성을 키워 실수를 줄이고, 크게는 실패를 두려워할 줄 모르는 아이로 키운다. 대부분의 아이들이 처음 실수할 때 실수로 인한 공포와 두려움이 없다. 공포나 두려움은 부모의 반응에 의해 학습된 결과물이다. 실수를 할 때마다 부모가 야단을 치거나 화난 감정을 아이에게 보이면, 아이는 부모의 감정 때문에 공포와 두려움을 느낀다. 아이가 실수를 해도 부모가 화를 내지 않고, 감정적으로 대하지 않는다면 아이에게서 두려움을 찾기란 어렵다.

인간은 누구나 실수한다. 어른도 실수를 반복해서 하지 않는가? 하물며 생각과 운동 근육이 모두 제대로 발달하지 않은 아이들이야 말할 이유도 없다. 이들에게 실수는 당연하다. 중요한 것은 이러한 아이의 실수에 대해 부모와 사회가 어떻게 반응하느냐는 것이다. 실수와 실패를 격려해 두려워하지 않게 만들 것인지, 아니면 실수와 실패를 두려워하는 자녀로 만들 것인지의 문제다. 유대인과 유대 사회는 전자의 태도를 취했다.

유대인들이 이처럼 자녀의 실수를 격려하는 이유는 아이의 실수가 창의력의 원천이 된다고 믿기 때문이다. 세상에 없던 혁신적인 아이디어는 단 한 번에 일궈낸 것이 아니다. 수십 번, 수백 번의 실험과 실패에서 만들어진 노력의 산물이다. 유대인 부모의 '마잘 톱' 한마디는 자녀가 실수를 두려워하지 않게 한다. 실패를 딛고, 더 큰 도전을 지향하도록 한다. 다소 엉뚱한 생각, 자유로운 생각과 표현, 이것이 바로 유대인의 창의성이 싹트는 원천이다.

엉뚱한 상상력이 돋보이는 에디슨의 달걀 품기 일화는 유명하다. 에디슨은 어릴 때 달걀을 품어 부화시키려 했다. 일반 사람들의 눈에 바보 같은 짓으로 보였을 것이다. 이런 소년 에디슨은 2,000번을 실패한 후에 전구를 발명했다. 에디슨은 자신의 실패에 대해 이렇게 말했다.

"2,000번의 실패를 후회하지 않는다. 전구를 만들 때 쓰면 안 되는 방법을 2,000가지나 배웠기 때문이다."

사람들이 '바보 같은 짓'이라고 생각하는 그 무수히 많은 것들은 우리가 살고 있는 지금의 발전을 이룩했고, 앞으로 미래의 발전을 이룩할 것이다. 유대인은 풍부한 상상력, 창의력이 발산되기 전 단계가 호기심이라고 생각한다. 왕성한 호기심은 창의력과 직결된다고 생각하는 것이다. 이들은 아이들의 호기심을 아이가 표현할 수 있는 최고의 감정이라고 생각한다. 이러한 호기심을 격려하고, 자극해야 더 큰 호기심과 창의력을 발휘할 수 있다고 믿는다. 아이가 실수했을 때 "마잘 톱!"이라고 하는 것은 아이의 실수를 진심으로 축하하고 격려하는 것이다. 호기심을 통해 세상에 한 발 나아가는 아이를 격려하는 말이다.

호기심은 특별한 사람에게만 있는 것이 아니다. 아이라면 누구에게나 있다. 아이들은 궁금해서 만지고 싶고, 알고 싶어 하는 호기심으로 가득 차 있다. 호기심은 세상을 알아가는 인간의 본능이기 때문이다. 이러한 호기심을 부모의 감정과 말 한마디가 싹둑싹둑 잘라낼 수 있다. 부모의 감정적 태도는 호기심만을 잘라내는 것이 아니다. 호기심이 이끌 창의력의 싹까지 뿌리째 뽑아버린다.

유대인의 마잘 톱 문화는 인간의 뇌 발달과 밀접하게 관련이 있다. 뇌 생리학자들에 따르면, 인간의 뇌는 좌뇌와 우뇌가 있다. 우뇌는 통상 만 7살 이전에 발달한다. 우뇌는 공간 지각능력, 창의력과 직관력, 상상력, 창조능력, 총체적 사고능력, 음악예술과 관련된 능력과 관련성이 있다. 한편, 좌뇌는 만 7살 이후 발달하며, 수학적인 능력, 언어표현 능력, 논리 능력, 사고 능력, 분석 능력, 비판 능력을 담당한다. 이처럼 유대인이 실수를 축하하고, 격려하는 데는 과학적인 근거가 있다.

미국의 뇌 과학자 그레고리 번스Gregory Berns는 《상식파괴자》에서 기존의 틀과 통념을 바꾸는 창조적 사고가 어려운 이유를 세 가지로 밝혔다. 첫째, 인간의 뇌는 익숙한 것을 좋아한다. 둘째, 사람들은 자신의 생각이 조롱받을 수도 있다는 두려움을 느낀다. 셋째, 설사 창조적인 생각이라도 다른 사람들을 설득해 현실화하는 어려움을 극복하지 못하는 경우가 많다. 유대인은 창의적인 생각, 창의적인 행동을 격려한다. 뇌를 익숙하게 하지 않는 것이다. 이들은 사람마다 능력이 다르고, 같은 현상을 보고 다른 생각을 하는 것을 격려한다. 이러한 문화에서 자란 유대인이 상식을 파괴하고, 세상을 바꾸는 노벨상 수상자를 가장 많이 배출하는 것은 어쩌면 당연한 일이다.

미국 스탠퍼드대 경제학자 에릭 하누셰크Eric Hanushek 교수는 한국의 창의성 부족에 대해 이렇게 말했다.

"창의력은 학교에서 가르치는 게 아니다. 권위와 위계질서를 극복할 수 있는 문화 기반을 만들어야 창의력도 꽃필 수 있다. 내가 가르쳐본 한국 학생들은 너무 예의가 바른 탓에 내가 엉뚱한 소리를 해도 이를 지적하지 않는다. 이런 위계질서를 중시하는 문화가 훗날 직장에서도 창의성을 발휘하지 못하게 한다."

어려서부터 예의를 중시하고, 정답을 강요받으며 자란 우리 아이들에게 창의성 부족은 어쩌면 당연한 결과다. 창의력이 없었다면 인류의 발전은 지금에 이르지 못했다. 상상력과 창의력이 있었기 때문에 우리는 오늘의 문명의 이기를 누리는 것이다. 유대인은 상상력과 창의력은 비용이 들지 않으면서도 언제 어디서나 휴대가능한 신이 인류에게 준 최고의 축복이라고 생각한다. 자신들의 자녀가 상상력과 창의력을 최대한 꽃을 피우도록 부모와 사회가 노력한다. 상상력과 창의력으로 인류가 누려보지 못한 더 큰 혜택을 누릴 수 있도록 격려한다.

미국의 한 연구팀은 고정적 사고방식과 발전적 사고방식에 대해 한 가지 실험을 했다. 실험 결과에 따르면, 발전적 사고방식의 아이들이 고정적 사고방식의 아이들보다 많은 것을 배우고 경험한다. 이들에 따르면 노력하면 나아질 수 있다고 생각하는 발전적 사고방식을 가진 아이들은 무수한 실수를 통해서 더 많은 것을 배운다고 한다. 이때 아이가 발전적 사고방식을 가질 수 있는 데 중요한 역할을 하는 것이 바로 부모다. 아이가 실수할 때 좌절하지 않도록 부모가 격려하면, 아이는 결과가 아닌 과정의 중요함을 이해하고 더 노력해서 배우려 하기 때문이다.

생각해보면 '실수'라는 것도 부모, 어른들의 표현일 따름이다. 아이는 좋은 것, 나쁜 것을 구분하지 못하기 때문이다. 우리 자녀가 실수에 주눅 들지 않게 하자. 마잘 톱에 빗대어 "축하해! 우리 ○○○ 하나 더 배웠네!"라고 해보자. 자녀의 호기심과 상상력이 자란다는 사실에 기뻐해보자. 실수로 인한 결과물에 대한 설명은 이후 차분하게 논리적으로 설명해주자. 아이의 호기심은 끊이지 않을 것이다. 아이의 호기심이 상상력과 창의성으로 이어져 노벨상 아이디어가 될지 누가 알겠는가?

인재를 키우는 만족지연 교육,
싸블라누트 잠깐만 기다려

5살 즈음 된 아이가 장난감을 사달라고 막무가내다. 아이는 조르다 못해 바닥에 누워서 울고 있다. 엄마는 당황하고 난처한 나머지 어찌할 줄 모른다. '집에 비슷한 것이 많지만, 비싸지도 않은데 사줘야 하나?', '빨리 사주고 자리를 뜰까?' 엄마는 울고 있는 아이를 보며, 머릿속에 수많은 생각으로 상황을 어떻게 모면할지 고민한다. 뭔가를 조르는 아이와 당황해 고민하는 엄마. 한국 대형 마트에서 심심치 않게 보는 풍경이다.

아이가 자라 자신의 휴대폰이 생기고, 또래가 중요해지는 시기면 '자판기 누르기(!)'가 시작된다. "엄마, 친구와 놀게 킥보드 사주세요!", "엄마, 친구랑 같이하게 게임 프로그램 사주세요. 안 비싸요!", "엄마, 농구하게 농구공 사주세요!", "엄마, 오늘 아이들하고 롯데월드 가요. 카드 주세요!" 엄마를 자판기 즈음으로 생각하는지, 아이는 링크나 물건 사진을 휴대폰 카톡으로 주며 어김없이 사달라고 조른다. '학원 다니느라 지치기도 할 텐데, 농구를 하겠다니 운동인데 하나 사줄까?', '친구들은 모두 가지고 노는데, 우리 아이만 없으면 왕따 당하는 것은 아닐까?' 엄마의 고민은 오늘도 끝이 없다.

유대인 엄마는 이럴 때 어떻게 대처할까? 직장에서 온 유대인 엄마가 분주하게 식사준비를 하고 있다. 어린 자녀가 한 손에 책을 들고 엄마를 졸졸 따라 다닌다.

"엄마, 책 읽어주세요!"

"싸블라누트잠깐만 기다려! 엄마가 지금은 식사 준비로 바쁘니까 엄마 하던 것 마저 하고 책 읽어줄게."

싸블라누트는 히브리어로 인내심이란 뜻이다. 유대인 엄마는 아이가 요구한다고 바로 들어주지 않는다. "싸블라누트!"라고 말하면서 아이가 처해 있는 상황을 차분히 설명해주고, 아이의 인내심을 키워준다. 상당수 유대인 부모는 아이가 인내심을 키울 수 있도록 의도적인 상황을 만들기도 한다. 이들은 자녀 교육에 있어 '지나친 만족'을 '보이지 않는 폭력'으로 여긴다. 흥미로운 사실은 이들은 만족에도 다섯 가지 종류가 있다고 생각한다. 만족지연, 적당한 불만족, 미리 만족, 즉시 만족, 과도한 만족이 이에 해당한다. 교육적 측면에서 이들이 관심 갖는 것은 '만족지연'과 '적당한 불만족'이다. 이들에게 '미리 만족'은 어리석은 일이고, '과도한 만족'은 불필요하다고 생각한다.

그렇다면 유대인은 왜 아이에게 즉시 만족을 경계하고 만족지연과 적당한 불만족을 지향할까? 이 이유를 과학적으로 설명해주는 한 실험이 있다. 심리학자 월터 미셸Walter Mischel과 그의 연구팀에 의해 이뤄진 '마시멜로 실험'이다. 이 실험에서는 아이의 인내심과 미래의 성공이 어떤 관계가 있는지 알아봤다. 이들 연구진은 마시멜로를 즉시 먹은 아이와 바로 먹지 않고 참았다가 하나를 더 보상으로 받은 아이 두 그룹으로 나눴다. 15년 후 마시멜로를 먹는 것을 참았던 아이들은 대인관계와 학업 성적 모두 대체로 훌륭했다. 반면 마시멜로를 바로 먹은 아이들은 약물중독 등 사회 부적응 문제가 있는 것으로 나타났다.

아동 전문가들에 따르면, 2살이 넘으면 자의식 생성과 함께 어른의 말을 이해할 수 있게 된다. 이 나이가 되면 어렴풋하지만 '기다림'을 알게 되는 나이다. 유대인 부모는 이때부터 의식적으로 만족지연을 훈련시킨다. 만족지연은 아이의 연령에 따라 다르게 훈련된다. 작게는 수십 초에서 시작해 아이의 이해력이 높아지고, 인내심이 늘어감에 따라 만족지연 시간을 늘려간다. 유대인은 아이가 나가서 살아야 할 세상은 결코 녹록지 않다는 것을 잘 알고 있다. 이들은 세상의 중심이 자신이 아니라는 사실을 어려서부터 가르치는 것이다.

사실 유대인의 남다른 인내심 훈련은 이들의 5000년 고난의 역사와 불멸의 민족적 정체성과 무관하지 않다. 유대인은 늘 다른 나라 속 이민족으로 박해를 받으며 살아야 했다. 고난과 박해는 인내심이라는 DNA를 자연스럽게 형성해줬다. 이들은 지금 당장 하고 싶은 것보다 하나님의 과업에 참여하는 것을 더 중요시 여겼기 때문이다. 유대인 부모는 어려서부터의 만족지연 훈련으로 자녀가 하고 싶은 것에 더 집중할 수 있다고 생각한다. 이들은 자녀가 자신의 달란트를 일구어 개인의 성공과 미래 세상의 개선이라는 티쿤 올람으로 이어질 것이라 믿고 있다.

자녀에 대한 유대인의 인내심 훈련은 고난 속에서도 삶을 긍정하고 포기하지 않는 교육, 역경 교육과 관련이 있다. 유대인 심리학자들은 공통적으로 사람의 지능 수준을 나타내는 지능지수보다 역경지수와 감성지수의 중요성에 동의한다. 이들의 다양한 연구 실험 결과에 따르면, 인간은 자아실현을 위해 지능지수는 20% 정도 필요하지만, 역경지수와 감성지수는 나머지 80%를 담당한다. 이러한 이유로 유대인 부모는 의도적으로 역경과 시련을 만든다. 역경과 시련으로 자녀의 의지와 지혜를 끊임없이 단련시킨다. 이스라엘의 한 경제 잡지는 해마다 성공한 사업가의 명단을 발표한다. 이들 사업가들에게는 공통점이 있었는데, 바로 역경지수가 높았다는 사실이다.

유대인은 자녀로 하여금 유대 명절과 각종 기념일을 이용해 유대 조상이 가졌던 고난과 역경을 체험하게 한다. 유월절은 유대 조상이 이집트 노예에서 해방된 날을 기념하는 기쁜 날이다. 그러나 유대인 부모는 유월절을 축하하기보다 자녀에게 노예 시절 유대 조상들이 먹었던 이스트를 넣지 않은 빵과 쓴 나물을 먹게 한다. 이를 통해 이들은 어떤 시련이 있어도 낙관적인 태도를 가지면 역경이야말로 최고의 기회라고 가르친다. 고난과 역경이야말로 자녀를 더욱 단단하게 하고, 생명력을 키우는 과정이다.

헝가리 태생 유대인으로 미국의 반도체회사인 인텔Intel의 최고경영자가 된 앤드류 그로브는 유대인 학살을 피해 혈혈단신 미국으로 이민을 선택했다. 그는 한 경제지에서 다음과 같이 인터뷰했다.

"편안하게 안주하는 생활에서 벗어나게 해주는 것은 두려움이다. 그것은 불가능해 보이는 어렵고, 힘든 일을 가능하게 만들어준다. 육체적 고통을 경험한 사람이 더 건강 유지에 노력하는 것과 마찬가지다."

유대인 학살이라는 고통스러운 역경이 미국에서도 무일푼에서 일어나 굴지 기업의 최고 경영자로 성공할 수 있었던 기회인 것을 보여주는 사례다. 유대인 부모는 자녀의 역경 교육을 위해 의도적으로 시련을 만들기도 한다. 한 번도 해본 적이 없는 일을 맡기는 데 망설임이 없다. 가령 스스로 들기도 힘든 물건을 국제 우편으로 보내라고 할 수 있다. 우체국의 위치를 알려주고, 국내 우편과 국제 우편의 차이를 알려준다. 물론 충분한 국제 우편료도 챙겨준다. 아이는 조금 어리둥절하지만, 이내 부모가 시킨 일을 어떻게 해낼지 궁리한다. 지나가는 사람들에게 우편물을 나르는 것을 도와달라고 한다. 처음엔 어찌할 줄 모르지만, 이내 용기를 내어 도움을 요청한다. 이스라엘에서는 자녀가 감당할 수 없을 것이라고 생각하는 일들이 종종 목격된다. 유대인 부모가 자녀의 역경 지수를 키우기 위함이다.

우리 자녀 세대는 부모 세대보다 더 빈곤한 첫 세대라는 우울한 이야기가 있다. 그러나 부인할 수 없는 사실은 자녀 세대가 여전히 우리 세대보다 풍요롭게 자라고 있다는 사실이다. 모든 부모는 자녀가 잘 먹고, 즐거워하는 것을 원한다. 원하는 것이 있다면, 경제적 여력이 된다면, 무엇이든지 자녀가 원하는 것을 해주고 싶어 한다. 그래서 요즘 아이들은 작은 기다림도 힘들어 한다. 다리가 아프면 무조건 택시를 타야 하고, 더우면 에어컨에 먼저 손이 간다. 엄카[엄마 카드]로 먹고 싶은 것은 언제든지 배달시킨다.

유대인들도 마음만 먹으면 자녀가 원하는 것은 언제든지, 얼마든지 사줄 수 있다. 그럼에도 이들이 자녀 교육법으로 만족지연을 선택한 이유는 무엇일까? 이들은 지금의 불만족이 자녀가 세상에 나가 홀로 서는 데 약이 된다는 사실을 잘 알고 있다. 유대인이 놀라운 것은 '아는 것'보다 '실천하는 능력'이다. 누구나 안다. 지금 참으면 미래는 더 나아진다는 것을. 그러나 부모는 아이한테만큼은 모질어지기가 힘들다. 아이와 떨어져서 일해야 하는 맞벌이 엄마의 경우 죄책감도 크다.

하지만 이제부터는 어린 자녀가 뭔가를 조를 때, "우리 딸 ○○

야. 인내심!"이라고 웃으며 이야기하고, 참아야 하는 상황을 설명해주자. 짜증 섞인 감정은 거두어내자. 부모가 밝게 웃으며 "인내심!" 하면, 아이는 인내심을 긍정적으로 받아들인다. 인내심이 꼭 불편하거나 기분 나쁜 일이 아닐 수 있다. 엄마가 기분 좋게 이야기하기 때문이다. 중요한 것은 부모의 마음과 감정 정리다. 감정이 정리되지 않는다면, 잠시 자리를 피했다가 아이에게 돌아오자. 기분 좋은 마음으로 돌아와 아이에게 주문을 걸어보자. 유대인 자녀를 성공으로 이끈 마법의 한마디를 속삭이면서.

"싸블라누트!"

아침을 축복하는 말,
예해예 베세데르모든 게 잘 될 거야

모든 것이 풍요로운 시대이지만, 부모들은 이러한 풍요가 역설적이게도 맞나 싶을 때가 있다. 자녀가 감사할 줄 모르기 때문이다. 아이들은 매일 뭔가 새로운 것을 요구하고, 다 먹지도 않았는데 또 다른 먹을 것을 사달라고 조른다. 때로는 멀쩡한 물건을 놔두고 친구와 똑같은 물건을 사달라고 하거나, 금방 사준 학용품이 싫증난다며 바꿔 달라고 떼쓴다. 게임기를 사줬는데 얼마 안 되어 잃어버리고 아무렇지 않게 다시 사달라는 아이를 보면, '이러면 안 되는데'라는 생각을 하지만, 같이 많은 시간을 함께해주지 못하는데 이거라도 사주자며 물질적 보상으로 아이를 달랜다. 감사할 줄 모르는 아이와 물질적으로 보상하는 부모의 악순환이 이어진다.

유대인 부모는 《탈무드》의 가르침에 따라 아침에 자녀를 깨우며, "예해예 베세데르Yeheye beseder"라고 말한다. 히브리어로 예해예 베세데르란 '모든 게 잘될 거야'라는 의미다. 《탈무드》에는 이런 말도 있다.

"신은 명랑한 사람에게 복을 내린다. 낙관은 자신뿐 아니라 다른 사람도 밝게 만든다."

유대인 부모가 이처럼 매일 아침을 긍정으로 시작하는 이유가 있다. 이들은 삶에 대한 긍정적인 암시가 아이들을 밝게 생각하게 하고, 실제로 결과도 좋아진다고 믿는다. 메나헴 슈네르손Menachem Schneerson은 이렇게 말했다.

"좋게 생각하라. 그러면 좋아질 것이다."

유대인의 낙관주의와 긍정적 마인드는 신에 대한 감사와 관련이 있다. 제2차 세계대전 당시 전체 유대인의 절반인 약 600만 명이 학살됐다. 놀라운 것은 유대인은 이러한 참혹함과 절망적인 상황에서도 하나님에 대한 감사와 찬미를 잊지 않았다는 사실이다. 나치 수용소에서 죽음을 기다리는 그 순간에도 이들은 감사 기도를 멈추지 않았다. 이들의 기도가 형식적이었을까? 전혀 그렇지 않다. 하나님에 대한 감사는 부모와 국가, 그리고 일상에 대한 감사로 이어진다. 식사할 때면 농부와 음식을 준비한 엄마의 수고로움에 감사한다. 잠들 때는 자신을 돌봐준 부모와 선생님께 감사를 잊지 않는다.

유대인은 심지어 자연에 대해 감사하는 날을 만들어 명절로 하고 있다. 바로 '투 브쉬밧Tu B'Shevat, 나무의 새해'이다. 이날은 하나님이 창조한 나무, 꽃, 풀 등 자연에 감사하는 날이다. 유대인 아이들은 투 브쉬밧을 통해 자신의 주변에 일상적으로 접하는 자연에 대한 고마움을 되새긴다. 하루하루 당연하게 존재하는 것들에 대해 경외심을 느끼고, 감사하는 민족이 바로 유대인이다. 유대인 부모는 자신의 자녀가 매사에 감사하며 성장하기를 바란다. 작은 일에도 감사할 줄 아는 아이는 남을 배려하는 아이이다. 주변 사람으로부터 사랑받는 아이이다. 돈 한 푼 들이지 않고, 다른 사람의 마음을 얻으며, 좋은 관계를 만드는 인생 성공의 기본 소양이 바로 감사하는 마음이다.

《탈무드》에는 유대인이 가져야 하는 감사의 태도에 대해 이런 구절이 있다.

"만일 한 손을 다쳤으면 두 손을 다 다치지 않은 것을 하나님께 감사하라. 만일 한쪽 발을 다쳤으면 두 발을 다치지 않은 것을 하나님께 감사하라. 두 손과 두 발을 다 다쳤다 해도 목이 부러지지 않은 것을 하나님께 감사하라. 만일 목이 부러졌다면 그다음에 염려할 것이 조금도 없다. 하나님이 천국에서 맞아 주실 테니까."

인간이 목숨을 잃는 상황에도 하나님께 감사할 수 있다는 것을 의미한다. 한편, 정신치료 전문가 뇔르 넬슨Noelle Nelson은 자신의 저서 《소망을 이뤄주는 감사의 힘》에서 감사의 힘을 이렇게 표현했다.

"감사는 가정이나 직업에 대해 만족감과 기쁨을 증가시킴으로써 인간관계를 향상시키고, 사랑이 넘치도록 만들며, 갈등을 해소하고 협력을 도모하도록 한다. 진심으로, 의식적으로, 미리 무조건 실천하는 감사는 아무리 견디기 힘든 상황이라도 가치 있게 여기도록 만드는 힘이 있다. 따라서 삶을 획기적으로 변화시키게 된다. 마치 기적처럼 불가능한 것을 가능하게 만들 수 있다."

유대인은 감사하는 마음이 자녀를 성공으로 이끈다는 사실을 잘 알고 있다. 감사는 만족과는 다른 개념이다. 만족하면 동기부여가 되지 않는다. 배가 불러 만족하면 더 이상 먹고 싶지 않은 것과 비슷하다. 그러나 뭔가를 할 때 행복하면 행복 자체가 동기부여가 되어 더 하게 되고, 행복감은 더 커지며 멈출 줄 모른다. 감사가 행복으로 이어져 자녀의 동기부여가 되고, 자녀가 추구하는 일에 더 열중함으로써 자녀의 성공으로 이어지는 것이다.

유대인의 성공비결에는 '황금의 말'이 있다. 부정적인 내용도 모두 긍정적인 말로 바꿔 전달하라는 뜻이다. 좋은 생각을 긍정적으로 표현하면 자기 암시가 이뤄진다. 실제 결과도 좋아진다. 유대인은 목숨을 잃어야 하는 절망의 상황에서도 신에 대해 감사 기도를 드렸듯 어떠한 고난이 와도 감사하고, 긍정적인 태도를 가진다. 이것이 수천 년 박해 속에서도 불멸했던 비밀이다. 그리고 유대인이 감사의 민족이라 불리는 이유이기도 하다.

유대인의 무한 긍정은 위기를 기회로 보고, 실제 기회를 성공으로 이끌어냈다. 미국 경제를 움직이는 투자의 귀재이자 유대인인 조지 소로스는 "상황이 나빠질수록 기회가 온다"고 했다. 그는 나치에게 목숨을 빼앗길 위험을 피해 미국에 정착한 대표적인 유대인이다. 그는 미국 금융계의 큰손일 뿐만 아니라, 전 세계가 그의 투자 동향을 예의 주시하는 세계적인 투자 전문가다. 조지 소로스는 "상황이 나빠지면 나빠질수록 전체를 뒤집기 딱 좋다"고도 말했다. 위기를 어떻게 하면 기회로 만드는지를 간파한 것이다.

위기를 기회로 만들어 부를 일군 사례로 다이아몬드 왕 티파니Tiffany를 빼놓을 수 없다. 티파니는 어느 날 대서양 해저 전신 케이블이 파손되어 미국 전신국이 교체해야 한다는 뉴스를 접했다. 그는 큰돈을 벌 수 있는 절호의 기회가 왔음을 직감했다. 티파니는 폐기된 케이블을 사들여 기념품으로 재가공해 판매했다. 그의 직감은 명중했다. 케이블 기념품으로 큰돈을 번 티파니는 황후인 외제니 드 몽티조Eugenie de Montijo가 아끼는 아름다운 다이아몬드를 사들여 전시회를 열었다. 사람들은 귀한 보석을 보기 위해 전시관을 찾았고, 그는 이 전시회를 통해 수십억 달러를 벌어 다이아몬드 왕의 가도를 걷게 된다.

사람들은 위기의 순간이 오면 쉽게 포기하는 경향이 있다. 위기는 기회가 된다는 긍정적인 마인드가 훈련되지 않았기 때문이다. 그러나 유대인은 다르다. 위기는 오히려 더 큰 기회를 가져올 것이라 확신한다. 그렇기 때문에 유대인은 위기 속에서도 포기하지 않고, 희망을 갖는다. 긍정적인 마인드로 낙관한다. 포기하지 않는 한 기회는 반드시 오기 때문이다. 유대인의 성공은 이러한 긍정하는 마음과 감사하는 마음에 기초한 역발상이라는 창의성으로 가능하다.

감사할 줄 모르는 자녀의 허기를 '물질적 보상'으로 채우지 말자. 물질적 보상은 오히려 불이 난 데 기름을 붙는 격이다. 감사할 줄 모름은 더 악화될 뿐이다. 아이가 진짜 필요로 하는 것은 물질이 아니라, 낙관적인 집안 분위기다. 아이에게 진짜 중요한 것은 '물질 보상'이 아니라, 온 가족이 힘을 합쳐 역경을 이겨내는 '낙관적인 가족'이라는 것을 잊어서는 안 된다.

매일 자녀가 잠들기 전에 감사한 일을 다섯 가지만 함께 적어보자. 감사할 줄 모르는 아이가 하루아침에 감사한 일을 술술 적을 리 없다. 시간이 필요하다. 힌트도 줘야 한다. 처음에는 감사한 일을 하나도 적지 못하지만, 시간이 지나면서 하나둘 늘어간다. 이때 부모는 성급하게 감사한 일의 사례를 예로 들어줘서는 안 된다. 오로지 자녀 스스로 해야 한다. '감사 목록'이 길어지면서 자녀는 이미 변화하고 있다. 낙관적인 자세로 긍정의 힘이 자라난다.

자녀가 긍정적인 마음을 갖기 전에 부모 스스로 긍정적인 마음가짐을 가져보자. 자녀의 사랑스러움과 자녀의 무궁한 잠재력을 따뜻하고, 긍정적인 말로 표현하자. 자녀의 긍정적인 태도에 가장 큰 영향을 미치는 사람은 바로 부모 자신이라는 점을 잊어서는 안 된다. 자녀는 부모의 거울이다. 그 이상도, 이하도 아니다. 부모가 긍정적이면, 자녀는 긍정적일 수밖에 없다. 부모가 어려움 속에도 긍정적인 면을 찾아내면 아이는 따라 하게 된다. 위기를 기회로 만드는 긍정의 힘, 낙관적 태도, 바로 유대인이 성공한 힘의 원천이다.

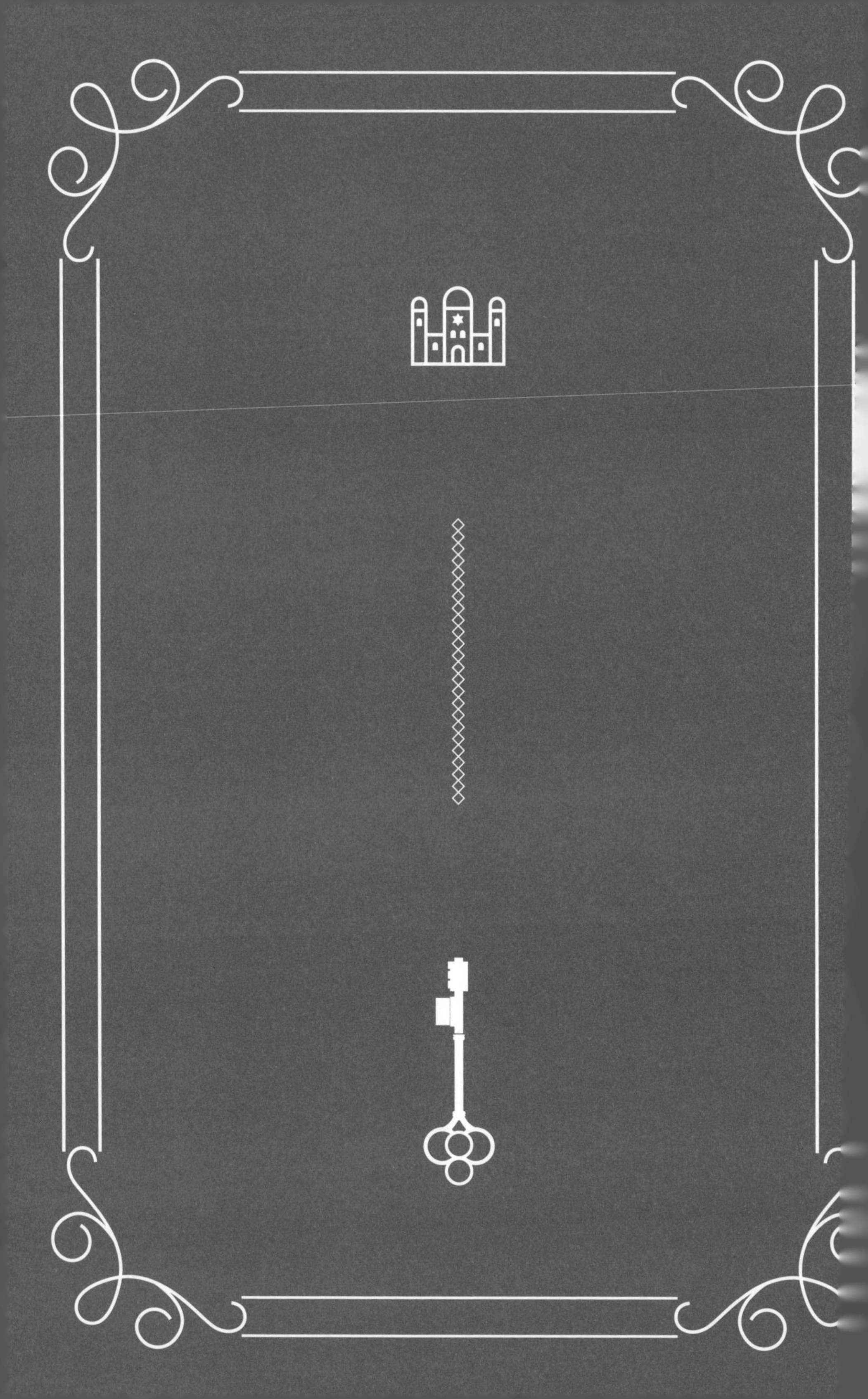

CHAPTER 5

인성 교육,
성공의 기초를 닦다

"멘쉬는 주위에서 완전한 신뢰를 받는 사람이다. 멘쉬는 타인과의 관계에 있어 정직하고 반드시 윤리적인 인간이다. 멘쉬는 자신보다 어려운 사람을 도와줌으로써 행복을 느끼고, 좀 더 나은 관점에서 자신을 돌아볼 수 있는 인간, 쉬운 길을 버리고 어려운 길을 택하더라도 올바른 일을 하면서 정직하게 살아가는 인간, 자신이 갖고 있는 지식과 돈, 시간 등을 사회에 환원함으로써 다른 사람에게 필요한 행동을 하는 인간을 뜻한다."

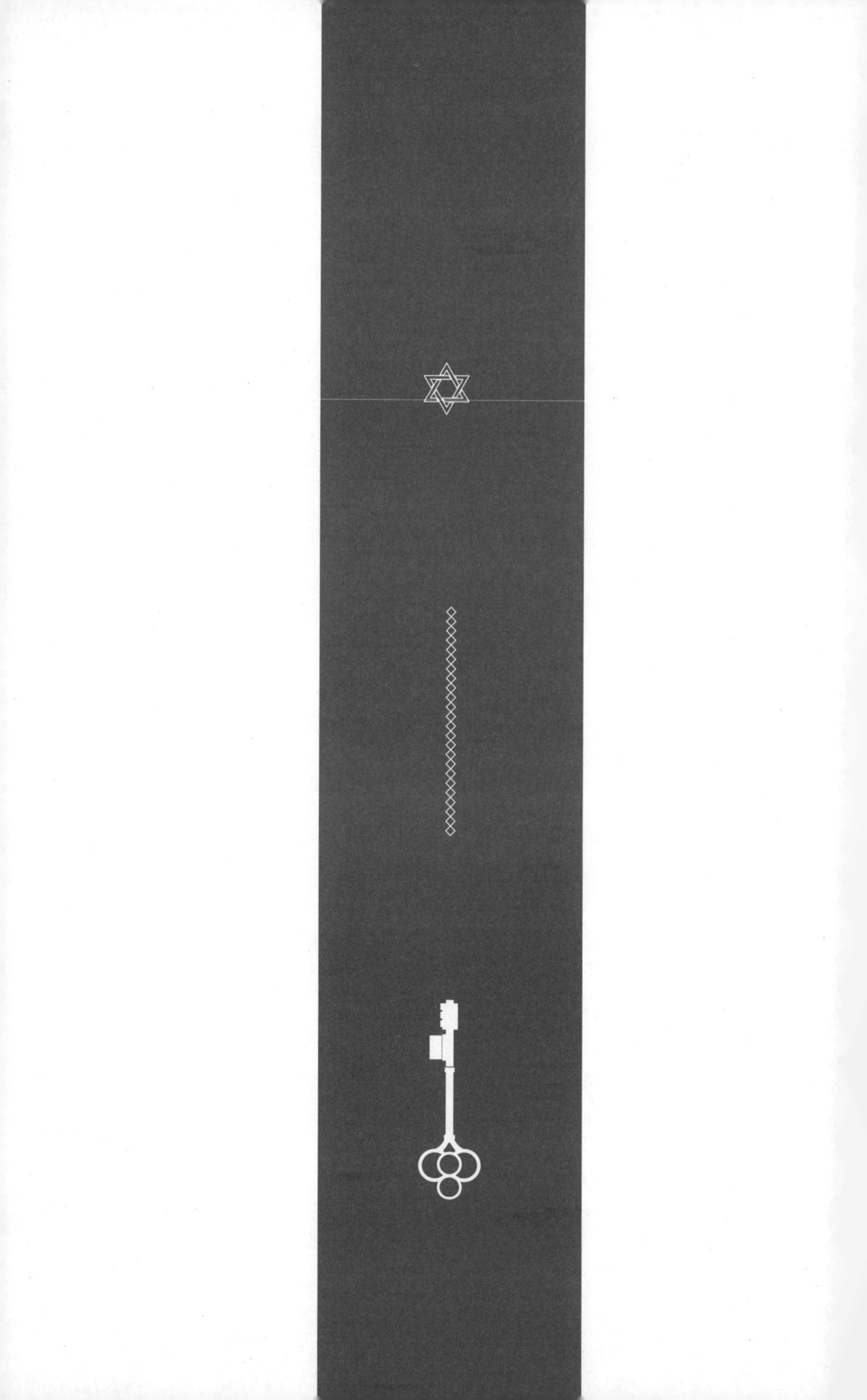

훈육의 일관성을 지켜라

한 아이가 횡단보도 건너편에서 뭔가를 보고 질주한다. 횡단보도와 좌우 지나가는 차량을 미처 살피지 않은 것이다. 안전사고는 예고 없이 순식간에 벌어진다. 엄마는 가슴을 쓸어내리며 아이를 야단친다.

"어쩌려고 그래! 교통사고나면 어쩔 뻔했어? 또 이럴 거야?"

안전 문제 말고도 아이들의 훈육이 필요한 곳이 바로 공공장소다. 식당에서 또래 아이들이 여기저기 복도를 뛰어다닌다. 다른 사람이 앉은 테이블의 물건을 건드리기도 하고, 다른 사람들이 놓아둔 소지품이 이리저리 어지럽혀지기도 한다. 이런 아이들에게 아무 소리도 하지 않는 부모를 보면 '나도 그랬나?' 싶을 때가 있다.

유대인은 훈육을 위해 자식에게 매를 아끼지 않는다. 실제《성경》에는 자녀에 대한 체벌에 대해 이렇게 쓰여 있다.

· 매를 아끼는 자는 그의 자식을 미워함이라. 자식을 사랑하는 자는 근실히 징계하느니라. 잠언 13:24

· 아이를 훈계하지 아니하려고 하지 말라. 채찍으로 그를 때릴지라도 그가 죽지 아니하리라. 잠언 23:13

· 채찍과 꾸지람이 지혜를 주거늘 임의로 행하게 버려둔 자식은 어미를 욕되게 하느니라. 잠언 29:15

그토록 자녀와 함께하는 대화와 토론을 중시하며, 자녀 교육에 있어 철저히 감정을 배제하는 유대인이기에 놀랍지 않을 수 없다. 유대인은 율법에 따라 자녀를 때리지만, 아무 때나 부모 감정 내키는 대로 체벌하지 않는다. 유대인의 훈육을 위한 체벌에는 엄격한 조건과 원칙이 있다. 먼저 체벌이 필요한 조건과 상황이다. 유대인은 아이가 단순한 호기심으로 뭔가를 망치거나 화분을 나르다 깬 경우 체벌을 하지 않는다. 자녀에게 훈육이 필요한 순간은 남에게 피해를 주는 일을 하거나 위험한 행동을 할 때, 또는 규범에 어긋나는 일을 할 때다. 즉 아이의 안전, 공공질서, 규범을 위반한 경우다. 그 외의 경우에는 잘못한 일에 대해 충분히 일러줘 스스로 반성의 기회를 갖게 하고, 기분 좋게 용서한다.

그렇다면 유대인의 훈육 원칙에는 어떤 것들이 있을까?

첫 번째로 유대인 부모는 우선 자신의 감정을 살핀다. 화가 났다면 평정심을 유지하기 위해 기도를 드리기도 한다. 평정심을 찾은 후 아이에게 스스로의 행동에 대해 설명할 기회를 준다. 아이가 스스로 설명한 후에 체벌을 하는데, 유대인 격언에 아이의 체벌 방법에 대해 이렇게 쓰여 있다.

"아이들을 때리지 않을 수 없게 됐을 때는 신발 끈으로만 때리라."

유대인은 아이 체벌을 위한 매로 이것이 없을 경우 손바닥으로 엉덩이 등을 때린다. 유대인은 머리를 지혜의 근원이라 여겨 머리는 절대 때리지 않는다.

평정심을 찾은 후 자식을 때린다는 것은 홧김에 때리는 것보다 분명히 더 어렵다. '화도 참았는데 한번 용서해줄까?', '생각해보니 다치지도 않았는데 그냥 넘어갈까?', '아이가 스스로 충분히 잘못을 인정하고 다시 안 그러겠다고 약속까지 하며 우는데 멈출까?' 이런 무수한 유혹에도 불구하고, 유대인 부모의 훈육은 단호하다. 타협의 여지가 없다. 자신의 안전에 대한 위협, 공공장소에서 남에게 끼치는 피해, 그리고 절도 등 사회 규범 위반에 있어 유대인에게 관용은 없다.

유대인 부모가 자녀 체벌에 있어 특별히 유의하는 것이 있다. 먼저 감정과 말조심이다. 유대인 격언에 이런 말이 있다.

"반드시 마음으로 혀를 조종해야 한다. 혀로 마음을 조종해서는 안 된다."

아이를 훈육할 때 아이의 감정과 인격을 상하게 하지 않는다. 유대인의 가르침에는 이런 말이 있다.

"아이는 엄하게 훈육하되, 겁내게는 하지 말라."

아이가 뭔가 큰 잘못을 했을 때 부모들이 흔히 저지른 실수가 아이를 위협하는 것이다. 무서운 표정과 몸짓으로 아이를 윽박지르고 겁에 질리게 한다. 이는 아이의 발달에 전혀 도움이 되지 않는다. 아이가 잘못한 점을 스스로 알아내고 반성해서 다시는 같은 실수를 되풀이하지 않겠다고 다짐하면 족하다.

유대인 부모는 자녀에게 체벌이라는 육체적인 고통보다 더 위험한 것이 심리적 폭력임을 잘 알고 있다. 상처가 안 될 정도의 체벌에 의한 육체적 고통은 금방 사라지지만, 심리적 고통으로 인한 상처는 아이의 일생 동안 오래 남기 때문이다. 노르웨이의 한 연구에 따르면, 아이들이 어렸을 때 심리적 폭력을 경험하면, 나중에 성장해서 최고의 우울증과 불안을 보여줬다고 한다. 이 연구는 어렸을 때 받은 심리적 폭력의 폐해가 얼마나 큰지를 잘 알려준다.

두 번째로 유의해야 할 일은 부모의 '일관성 있는 태도'다. 유대인의 훈육은 그때그때 달라지지 않는다. 부모가 기분이 나쁘지 않으면 넘어가고, 기분이 나쁘면 훈육을 한다면 아이는 무엇이 잘못인지 헷갈리기 때문이다. 반면 한국인 부모는 아이가 같은 실수를 해도 어떤 때는 눈감아주고, 어떤 때는 불같이 화를 낸다. 일관되지 않은 부모의 훈육 태도로 아이는 배우는 것이 없다. 부모의 훈육이 혼란스럽다면 아이는 무엇을 잘못했는지, 무엇을 어떻게 고쳐야 하는지 깨닫지 못하기 때문이다.

유대인 부모는 훈육의 목적이 아이를 육체적으로 고통을 주는 것이 아니라, 자신의 잘못을 스스로 뉘우치고 반성하는 것이 목적임을 강조한다. 이들은 교육 목적에서 벗어나기 때문에 아이의 몸에 상처가 남을 정도의 체벌은 피한다. 이들은 또한 일관되지 않은 부모의 훈육은 아이의 반항심을 키우고, 아이의 인격 형성에 치명적일 수 있다는 사실을 잘 알고 있다.

세 번째로 유대인은 체벌 후 아이의 마음을 살피고, 마음의 상처가 남지 않도록 마음을 어루만진다. 유대인 격언에는 이런 말이 있다.

"오른손으로 벌주고 왼손으로 껴안아라."

《탈무드》에는 이런 말도 있다.

"꾸짖은 다음에 잠자리에 들 때는 따뜻하게 대하라."

부모의 진심을 확인한 아이는 자신의 잘못에 대한 죄책감이나 부모에 대한 두려움 등 나쁜 감정을 남기지 않는다. 그리고 그날 저녁 잠들 때 '다시는 그러지 말아야겠다'라고 스스로 반성하고 다짐한다.

요즘과 같이 인권이 중요한 세상에서 아이에게 체벌을 하면 아동학대가 아닌가 하고 의심할 수 있다. 하지만 학대와 훈육은 엄연히 다르다. 학대는 말이나 물리적 행동으로 아이의 신체나 감정에 악한 영향을 주는 것이다. 의도했든, 안 했든 아이가 정신적으로, 육체적으로 다칠 때 적용이 된다. 훈육은 아이의 잘못된 행동을 바로잡기 위한 교육을 목적으로 한다. 감정이 격해져서 이뤄진 예상치 못한 행동이 아니다. 바로 이 점이 교육용 훈육과 아동 학대와의 차이다.

한국 부모는 자식을 사랑하지만 표현은 서툴다. 필요하지 않은 감정을 섞어 아이를 비난하거나, 때로는 자식에 대한 사랑을 표현해야 할 때 '뭘 굳이? 다 알겠지'라면서 표현을 자제하기도 한다. 그러나 아이는 경험과 인생의 지혜가 아직 부족한 나이라서 부모가 표현하지 않으면 알 수가 없다. 부모가 자신을 때린 것이 행동이 잘못되어서인지, 자신을 미워하는 것은 아닌지 아이는 고민에 빠지게 된다. 옳고 그름을 판단하기 이전에 부모의 감정을 먼저 살피는 것이다. 이렇게 해서는 아이의 훈육이 효과가 없다. 감정을 배제하고, 일관성 있게 단호한 태도로 훈육하는 것이 성공의 핵심 요소다.

이제 훈육과 체벌에 대한 자신감을 가져보자. 아이에게 훈육이 필요한 상황, 마잘 톱이 필요한 상황, 흔쾌히 용서할 상황을 아이와 함께 정리해 냉장고에 붙여보자. 훈육에 필요한 물건을 아이 스스로 찾아 준비하도록 하자. 이러한 준비만으로 이미 훈육의 효과가 절반은 성취된 셈이다. 아이 스스로 훈육의 효과를 깨닫지 못하면 훈육은 아무런 의미가 없다. 아이도 아프고, 부모의 마음도 아플 뿐이다. 성공하는 자녀를 위한 인성 교육, 훈육은 우리 아이를 안전하게 지키고, 주변 사람들에게서 사랑받는 아이로 자라게 할 것이다.

칭찬은 합리적이고, 구체적으로 하라

칭찬은 고래도 춤추게 한다는 말이 있다. 돈 한 푼 안 들지만 칭찬이 익숙하지 않다. 가족끼리 칭찬은 더욱 인색하다. 몇 년 전 〈가족끼리 왜 이래?〉라는 드라마 제목에서 보듯 이것이 바로 한국의 문화다. '굳이 말로 해야 하나? 서로 다 알 텐데' 하는 마음에 칭찬이 부족하기보다는 표현이 인색할 수도 있다. 칭찬할 때 "잘했어! 우리 딸! 우리 아들!", "대단해" 연신 탄성을 자아내기도 한다. 무엇을 잘했는지, 어떤 점이 칭찬받을 만한 점인지 좀처럼 밝히지 않는다.

유대인은 자녀에게 칭찬할 때 구체적으로 근거를 대서 칭찬한다.

"며칠 동안 열심히 자료를 찾더니 오늘 에세이 아주 멋졌어! 주제 선택도 돋보이고, 참고한 자료도 제목에 잘 어울려. 특히 하늘을 분홍색으로 표현한 창의성이 좋아 보여. 어떻게 그런 생각을 했니?"

칭찬은 자녀를 격려하고, 자존감을 높이는 비타민이다. 그러나 비타민이 효과가 있으려면 근거가 있어야 한다. 근거 없는 칭찬을 하면 아이는 '엄마는 맨날 잘했대. 잘 알지도 못하면서'라고 생각할 수 있다. 근거 있고 사려 깊은 칭찬을 해주면 아이는 잘한 점을 더욱더 잘해보려고 노력하게 된다.

유대인의 자녀에 대한 칭찬은 일상 속에 가득 차 있다. 하루 일과를 마치고 마주하는 식사에서 자녀가 잘한 부분이 있다면 놓치지 말고 근거를 찾아 칭찬해준다. 안식일을 지킬 때 아버지는 이틀 치 음식을 준비한 아내의 수고를 칭찬한다. 정례적인 가족회의에서 부모는 아이의 칭찬으로 가족회의를 연다. 한 주간 자녀가 잘한 일들을 잊지 않고 기억했다가 회의 모두에 아이들의 격려로 시작한다. 아이들은 부모의 칭찬을 먹고 자란다.

자녀가 어려서 매일 목욕을 시켜줄 때 유대인 엄마는 자녀의 손을 닦아주면서 "하나님, 이 아이의 손은 기도의 손이요. 사람을 칭찬하는 손이 되게 하소서"라고 기도한다. 아이가 칭찬에 대한 개념조차도 없을 때부터 엄마는 자녀가 누군가를, 또한 자녀의 자녀를 칭찬하는 손이 되기를 주문한다. 이처럼 유대인에게 칭찬은 아주 어려서부터 일상의 중요한 단어다.

칭찬의 교육적 효과에 대해 '로젠탈 효과'라는 것이 있다. 하버드대학 심리학과 로버트 로젠탈Robert Rosenthal 교수는 샌프란시스코의 한 초등학교에서 실험을 했다. 그는 무작위로 뽑은 20%의 학생 이름을 담임에게 주면서 지능이 높은 아이들이라고 소개했다. 8개월 후에 그는 아이들이 다른 학생들보다 평균 성적이 높았음을 확인했다. 그의 연구는 평범한 아이들도 칭찬과 격려를 해주면 대체로 성적이 향상된다는 것을 입증했다.

미국 유대인 교육심리학자 벤자민 블룸Benjamin Bloom은 칭찬 효과에 관한 흥미로운 연구를 진행했다. 1980년대 세계적인 피아니스트와 수영 선수, 테니스 선수, 수학자, 신경과학자 등 120명을 대상으로 교사들이 각 분야 천재들을 어떻게 가르쳤는지 살폈다. 놀랍게도 이들을 처음 가르친 교사는 천재성을 발굴하거나 발달시킬 전문성이 없었다. 다만, 이들 교사들의 공통점은 격려와 칭찬이었다. 학생을 가까이에서 지켜본 교사들의 격려와 칭찬이 아이의 잠재력과 재능 발전에 얼마나 지대한 역할을 하는지 보여주는 연구다.

벤자민 블룸의 연구가 부모의 자녀 교육에 시사하는 것은 명확하다. 자녀 가까이에서 부모의 칭찬과 격려가 이뤄지면 아이들은 자신이 관심 있는 재능에 흥미를 더 느끼고, 어느 순간 열중하게 된다. 이러한 흥미와 열정이 바로 아이가 가진 천부적 재능과 합쳐져 천재적 또는 세계적인 능력자로 만드는 것이다. 유대인 부모의 칭찬과 격려는 바로 긍정적인 강화훈련이다. 이들은 자녀로 하여금 자신의 잠재된 재능에 열중하게 함으로써 남과 다른 능력과 탁월한 성과를 발휘하도록 한다.

유대인 자녀 교육법에는 다른 사람의 가정교육에 간섭을 최소화할 것도 주문한다. 《탈무드》에는 이런 표현이 있다.

"이웃을 방문했을 때 그 집에 어린 자녀가 있다면 초콜릿 대신 칭찬의 말을 선물하라."

아이에게 초콜릿을 줄 수 있지만, 혹시 초콜릿 선물이 방문한 가정교육관에 위배될 수 있기 때문이다. 물질적인 것 대신 남의 자녀를 칭찬하는 것은 어떠한 해도 미치지 않는다는 지혜가 담긴 말이다.

아이들은 우리가 생각하는 것보다 훨씬 영리하다. 어린 것 같지만 본능적으로 무엇이 자신에게 유리한지 알고 있다. 남의 집을 방문해서 어린아이가 있다면, 한국 사람들은 주로 지갑을 열어서 현금을 준다. 아이가 받으면 부모들은 "고맙습니다" 하고 예의 바른 인사를 가르칠 뿐이다. 이렇게 무심코 한 행동이 그 가정의 아이에게는 '독'이 될 수 있다. 아이가 방문객을 이용해 자신의 원하는 것을 얻을 수 있는 기회라는 것을 알기 때문이다. 집에서 만족지연이 훈련된 자녀가 낯선 사람의 방문과 선의로 맥없이 무너질 수 있음을 《탈무드》는 일찍이 경계한 것이다.

《탈무드》는 자녀 교육과 무관하지만, 칭찬에 대해 한 가지 지혜를 가르치고 있다. 《탈무드》에 이런 말이 있다.

"자리에 없는 사람을 지나치게 칭찬하지 말라. 대화가 칭찬으로 시작됐지만, 오래지 않아 성토하는 자리로 바뀔 것이기 때문이다."

동서양을 막론하고, 인간은 남의 나쁜 이야기를 하는 데 더 큰 흥미를 갖는 유혹에 빠지기 쉽다. 자리에 없는 누군가에 대해 시작은 칭찬이었지만, 이야기를 하다 보면 칭찬이 어느덧 자리에 없는 사람에 대한 험담으로 이어지니 경계하라는 것이다.

유대인이 자녀의 칭찬과 항상 함께 하는 것이 있다. 바로 자녀가 실패했을 때 다시 일어설 수 있는 용기를 주는 격려다. 자녀는 한 발을 내딛기 위해서 여러 번 넘어진다. 실패한 자녀에게 필요한 것이 바로 격려다. 누구나 매번 성공할 수 없다. 유대인 부모는 자녀가 승승장구만 할 수 없다는 것을 잘 알고 있다. 이들은 칭찬만큼 격려를 준비한다. 이들의 격려는 무작정 "잘 할 수 있어!"가 아니다. '추상적인 격려', '공허한 격려'는 자녀에게 용기가 되지 못한다. 자녀가 용기를 가질 수 있는 지점을 찾아내거나, 어떤 방법으로 하면 좋을지 조언이 필요하다. 칭찬만큼이나 근거 있는 지혜로운 격려가 필요한 것이다.

유대인 자녀에 대한 칭찬과 격려에서 중요한 역할을 하는 것이 바로 엄마다. 엄마는 누구보다 아이들과 함께 많은 시간을 보낸다. 위대한 인물들의 뒤에는 칭찬하고 격려하며 한결같이 자식을 믿어주는 엄마라는 존재가 있었다. 아인슈타인은 일찍이 학교 선생님에게 문제아로 낙인이 찍혔다. 그러나 그의 어머니는 "걱정할 것이 없다. 네가 남과 같아질 필요는 없다"라며 아들을 오히려 격려했다. 그는 또 이렇게 말한 적이 있다.

"내가 물리학자가 되려고 노력한 것은 어머니가 나를 믿어줬기 때문이다."

자식에 대한 어머니의 믿음과 격려가 세계적으로 위대한 물리학자를 탄생시킨 것이다. 부모의 칭찬과 긍정은 아이들에게 자신감을 심어준다. 자신감은 뭔가를 잘 할 수 있다는 주관적인 감정이다. 요즘 부모들 가운데는 자녀가 자신감이 없어 고민하는 부모가 의외로 많다. 자신의 의사를 정확하게 표현하지 않고, 또래 아이들의 놀이에 끼지 못하는 자녀를 보고 있으면 부모의 고민은 벌써 앞서간다. '아이가 학교에 들어가면 어쩌지? 왕따 당하는 거 아냐? 아동 상담 치료라도 받아야 하나?'

하지만 이러한 아이에게 필요한 것은 바로 옆에서 아이를 지켜보고 있는 부모의 칭찬과 격려다. 이때 칭찬과 격려는 근거 있고, 지혜로운 것이어야 한다. 부모가 칭찬을 충분히 받을 만한 이유를 분명하게 설명해주면, 아이는 뭔가를 스스로 잘 할 수 있다는 확실한 자신감을 갖게 된다. 선천적으로 표현을 잘 하지 않는 아이도 주관적 자신감이 명확하다면, 주변 아이들에게 절대 흔들리지 않는다. 뭔가를 스스로 잘 할 수 있다는 주관적 자신감이야말로 자녀가 자신의 재능과 잠재력을 스스로 개척해가는 원동력이다.

부모가 한 가지 명심해야 할 것은 자녀를 향한 지혜롭고, 근거 있는 칭찬은 하루아침에 이뤄지지 않는다는 사실이다. 부모는 끊임없이 자녀를 관찰해야 한다. 아이의 행동과 모습을 면밀하게 살펴야 아이의 무엇이 어떻게 향상되어 칭찬받을 만한지 알 수 있기 때문이다. 자녀 교육을 위한 수고로움은 '말 한마디'로 가능하지 않다. 우리 자녀를 위한 지혜로운 칭찬과 격려를 오늘부터 당장 시작해보자.

나와 상대방을 죽이는 뒷담화, 라손하라 나쁜 혀

또래가 가장 중요해지는 시기가 있다. 부모에게 인정받는 것이 가장 중요했던 아이가 어느 순간 또래로부터 인정받고 싶어 한다. 그러나 자녀가 끼고 싶어 하는 무리가 자녀를 배척할 수 있다. 그냥 배척하는 것이 아니라 자녀의 험담을 늘어놓으며, 다른 친구들조차 함께하지 못하도록 한다. 왕따, 은따, 뒷담화가 시작된 것이다. 다른 친구에 대한 험담, 일명 뒷담화를 주도하는 친구가 있는가 하면, 이를 묵인함으로 동조하는 친구도 있다. 왕따, 은따, 뒷담화에 동조가 더해지면 아이들 관계는 걷잡을 수 없게 된다. 내 아이가 다른 친구를 험담하며, 왕따와 은따를 주도하거나 방조하는 현장을 목격하면 부모는 난감하지 않을 수 없다.

사실 남의 험담은 아이들 세계뿐 아니라, 어른들 세계에서도 비일비재하다. 엄마들 모임에 한 번이라도 나간 사람이면, 모임을 주도하는 일부 엄마들의 험담 향연을 보고 들을 수 있다. 처음에는 칭찬을 하는 듯하지만, 순식간에 험담의 도마 위에 오르는 친구 엄마들이 한둘이 아니다. 험담뿐이랴? 아이 자랑, 남편 자랑에 나갈 수도, 안 나갈 수도 없는 불편한 모임이 바로 엄마 모임이다. 대부분의 직장맘들은 쓸 만한 학원 정보라도 얻을 수 있을까 하는 마음에 엄마 모임을 찾았다가 난감한 표정으로 집에 돌아온다.

인생의 성공에 있어 타인과의 인간관계를 중시 여기는 유대인은 남의 험담에 대해 자녀를 어떻게 가르칠까? 유대인은 다른 사람에 대한 험담을 자녀의 인성 교육에 있어서 가장 경계하는 대상 중 하나로 여긴다. 이들은 친구를 포함해 또래 아이들뿐만 아니라 부모님, 선생님 등 누구에 대해서도 험담하지 말라고 수시로 가르친다. 유대 경전《미드라쉬》에는 험담을 경계하는 구절이 있다.

"남을 헐뜯는 험담은 살인보다 위험하다. 살인은 한 사람밖에 죽이지 않으나 험담은 반드시 세 사람을 죽인다. 퍼뜨리는 사람 자신, 그것을 반대하지 않고 듣고 있는 사람, 대상이 되고 있는 사람이다."

히브리어로 라손하라Lashon Hara는 말이 있다. 이는 '나쁜 혀'라는 뜻이다.《토라》와《탈무드》에 따르면, 험담은 남을 자기의 기준으로 판단하는 문제다. 그러나 자신도 어느 순간 남의 판단의 대상이 될 수 있다. 이러한 이유로 유대인은 자녀가 친구를 사귈 때 자기 기준으로 판단하지 말고, 관대하게 대하라고 가르친다.

《탈무드》에는 이런 말도 있다.

"네가 말하는 시간의 두 배만큼 친구가 하는 말을 들어라. 인간은 입이 하나인 반면 귀가 둘이 있다."

말하기보다 듣기를 두 배로 하라는 뜻이다. 유대인 부모는 자녀가 친구를 사귈 때 상대방에 대해 많이 질문하고, 호기심을 가질 것도 잊지 않고 당부한다. 랍비 예후다 바르실라Yehuda bar Shila는 현 세상에서 축복 받고, 미래 세상에서 훌륭한 보상을 받을 수 있는 삶의 여섯 가지 원리를 말한 적이 있다. 여기서 그가 강조한 것 중 하나는 다른 사람에 대해 관대하게 판단하라는 것이다. 다른 사람에 관대하지 않으면 남을 험담하는 우를 범할 수 있기 때문이다. 험담은 자신의 주관적인 판단에서 비롯된다. 사람은 누군가 개인적인 잘못을 하거나, 누군가에게 허물이 있을 때 덮어주는 데 너그럽지 못하다. '그 친구가 그럴 리가 없지. 나름 이유가 있을 거야'라고 관대하게 대하기 쉽지 않다.

험담을 경계해야 하는 대상은 자녀와 친구 관계에서만 해당되지 않는다. 남에 대한 험담은 예상치 못하게 부모에게서도 쉽게 찾아볼 수 있다. 자녀가 아끼는 친구에 대한 부모의 험담은 자녀를 당혹스럽게 한다. 엄마는 함께 노는 자녀 친구의 기준을 정해 놓는 경우가 있다. 가장 중요한 것은 역시 공부다. 공부는 자녀보다 더 잘하면 좋다. 형편없이 공부를 못한다면 공부를 못한다는 이유를 대지는 않지만, 딱히 이유 없이 함께 노는 것을 못마땅해한다. 사는 형편도 비슷하거나 더 나아야 한다. 이런 기준에 부합하지 않으면, 엄마는 친구를 집에 데려오는 것에 대해 못마땅함을 노골적으로 표현하는 경우가 있다.

"밖에 나가서 놀아! 친구를 집에 데려오지 말랬잖아!"

공부도, 운동도, 음악예술도 뛰어난, 그야말로 학교에서 잘나가는 친구를 데려오면 엄마는 친구에게 자석처럼 달라붙는다. 이어 이것저것 친구에게 질문하기 시작한다. 어느 학원을 다니는지, 어떤 학습법을 가지고 있는지, 부모님은 무엇을 하는지, 평소 학습시간은 얼마나 되는지, 앞으로 진로는 무엇인지 엄마의 궁금증은 끝이 없다. 궁금한 것이 어느 정도 해소되면, 엄마는 간식을 챙긴다. 자녀와 함께 더 많은 시간을 보내기를 바라며, 평소 좀처럼 하지 않는 먹거리도 정성껏 만든다.

둘 다 아끼는 친구인데 엄마가 판이하게 다르게 대하는 것을 보면, 아이는 마음에 지울 수 없는 상처를 갖게 된다. 엄마의 이중적인 행동으로 엄마에 대한 신뢰 추락은 말할 것도 없다. 엄마는 자녀가 상처를 받았다는 사실을 알지 못한다. 엄마에 대한 신뢰가 무너지고 있다는 사실도 눈치채지 못한다. 엄마는 자녀에게 해가 될 만한 친구를 분리시키려는 자신의 행동을 모두 자녀를 위한 것이라고 생각한다.

친구 사이의 험담 말고, 가장 흔한 험담이 자녀 앞에서 이뤄지는 부부 간의 험담이다. 어렸을 때 엄마는 아이로부터 "엄마, 아빠 모두 꼭 같이 사랑해요"라는 말을 제일 좋아했다. 아이가 크면서 마땅찮으면, 엄마는 "아빠랑 똑같아. 누구를 닮았겠어? 피는 못 속이지"라며, 아빠에 대한 험담을 늘어놓는다. 아빠가 회사에 가거나 자리에 없을 때 아빠에 대한 험담은 더 빈번해진다. 아빠도 다르지 않다.

"네 엄마는 왜 그런다니? 냉장고 음식을 다 썩히고, 청소도 제대로 하지 않고. 집 안 꼴이 이게 뭐야?"

상대방을 험담하는 부부가 자녀에게 친구를 험담하지 말라고 가르칠 리 만무하다. 설사 가르친다고 하더라도 자녀에게 아무런 효력이 없을 것이다. 자녀는 '부모의 거울'이라는 말이 있다. 부모가 솔선해서 행동하지 않으면, 자녀는 보고 배울 것이 없다. 부모의 가르침이 위선이라는 것을 자녀가 모를 리 없다. 자녀는 부모를 보고 배우기 때문이다. 자녀에 대한 친구 험담 문제를 가르치기 전에 부부 간에 서로 험담하지는 않는지 살펴볼 필요가 있다.

그렇다면 유대인 부부는 어떨까? 유대인은 칭찬의 민족이고, 긍정의 민족이다. 유대인 엄마는 아이를 목욕시키며 매일매일 기도한다. 아기 입안을 닦으면서 "하나님, 이 아이의 입에서 나오는 모든 말이 축복의 말이 되게 하소서"라고 구한다. 아이 손을 닦으면서는 "하나님, 이 아이의 손은 기도의 손이요. 사람을 칭찬하는 손이 되게 하소서"라고 말한다. 이들은 자녀가 남을 험담하는 것을 어려서부터 경계하는 것이다.

안식일에 아버지는 음식을 마련한 어머니를 높이 찬양한다. 유대인 엄마는 아버지의 의자를 마련해 아버지의 위엄을 세워준다. 가족회의 때 유대인 아버지는 자녀에 대한 칭찬으로 회의를 시작한다. 아버지는 가정에서 랍비를 대신해 자녀에게 《탈무드》를 가르치고, 때로는 교사로, 때로는 심판자로 역할을 한다. 《토라》와 《탈무드》를 공부하고, 지키며 사는 유대인에게 자녀 앞에서 부부를 서로 헐뜯는 것은 좀처럼 생각하기 어렵다.

친구 사이, 인간관계를 망치는 험담을 줄여보자. 자녀에게 험담이 자신은 물론, 듣는 사람과 험담하는 대상까지 세 사람을 죽일 만큼 안 좋은 것임을 알려주자. 자녀가 친구에 대해 험담을 하면, "글쎄, 그 친구에게 뭔가 사정이 있지 않을까? 지금 판단하지 말고 나중에 한번 살펴봐. 분명히 이유가 있을 거야. 네가 그 친구 입장이라면 어떻게 했을까?"라고 배려하는 태도와 마음을 갖도록 하자.

그러나 이보다 더 앞서 부모 스스로 서로에 대한 험담을 아이 앞에서 한 일은 없는지 반성해보자. 자녀가 부모의 거울이라는 점에 대해 서로 이야기를 나눠보자. 부부끼리 습관적으로 별 뜻 없이 말하는 부정적인 단어도 줄여보자. 부부 사이의 부정적인 단어를 긍정의 단어로 바꿔보자. 그렇게 하면 부모에 대한 자녀의 신뢰가 높아진다. 부모의 말에 힘이 생기게 된다. 험담하지 않는 자녀 키우기는 모두에게서 사랑받는 사람이 되는 첫걸음이다.

모두가 존경하는 멘쉬가 되어라

모든 부모는 자녀가 성공하기를 바란다. 이왕이면 돈도 많이 벌고, 명예와 권력까지 있다면 금상첨화다. 경제적으로 성공했지만 주변 사람에게 존경을 받지 못하거나, 오히려 손가락질을 받는다면 어떨까? 부모에게 “경제적으로 성공한 자녀가 좋은가? 경제적으로 성공하지는 못했지만, 주변에서 존경받는 자녀가 좋은가?” 라고 묻는다면, 어떻게 답할까? 선뜻 대답하기 어려울 것이다.

유대인 부모는 어떻게 답할까? 유대인 부모는 주저 없이 주변에서 존경받는 자녀를 선택한다. 이들이 자녀에게 진정으로 바라는 것은 바로 자녀를 멘쉬로 키우는 것이다. 멘쉬Mensch는 사람을 의미한다. 멘쉬는 경제적인 성공을 요건으로 하지 않는다. 위대한 랍비처럼 고매한 학자일 필요도 없다. 뿐만 아니라 뛰어난 재주나 특별한 능력을 요건으로 하지도 않는다. 그런 의미에서 멘쉬는 누구나 될 수 있다. 그러나 실제로 되지는 않는다.

한국인 남녀를 입양해 성공적으로 키운 힐 마골린Hil Margolin은 《공부하는 유대인》에서 이렇게 말한다.

"멘쉬는 주위에서 완전한 신뢰를 받는 사람이다. 멘쉬는 타인과의 관계에 있어 정직하고 반드시 윤리적인 인간이다. 멘쉬는 자신보다 어려운 사람을 도와줌으로써 행복을 느끼고, 좀 더 나은 관점에서 자신을 돌아볼 수 있는 인간, 쉬운 길을 버리고 어려운 길을 택하더라도 올바른 일을 하면서 정직하게 살아가는 인간, 자신이 갖고 있는 지식과 돈, 시간 등을 사회에 환원함으로써 다른 사람에게 필요한 행동을 하는 인간을 뜻한다."

힐 마골린의 말처럼 멘쉬는 어려워도 나보다는 다른 사람을 먼저 배려하고, 다른 사람을 도우며 그 과정에서 행복을 느끼는 사람이다. 그는 아들이 일하는 직장의 사장인 앨버트를 대표적인 멘쉬로 소개했다. 앨버트는 출장요리사업의 대표로, 회당에서 주방장 역할을 맡고 있다. 앨버트는 직원들에게 친절하며, 가족처럼 대한다. 어려운 사람이 음식을 구하면 귀찮아 하지 않고, 친절하게 음식을 대접한다.

앨버트는 자신의 직장과 회당에서 궂은일을 마다하지 않고 자신에게 주어진 일에 최선을 다한다. 또한 사업체 대표이자 가장으로서 직원과 가족에게 솔선수범하는 모범을 보여주고 있다. 이러한 성품을 가진 '멘쉬'를 우리말로 하면 '인품이 훌륭한 사람' 정도로 표현할 수 있다. 힐 마골린은 대기업 회장과 대통령보다 멘쉬가 위대하다고 단언한다.

이처럼 유대인 부모는 자녀가 주변 사람과 좋은 관계를 만들어가는 사람이 되기를 원한다. 힐 마골린에 따르면 이상적인 유대인 부모라면 자녀에게 세 가지를 가르친다고 한다. 《토라》 가르치기, 후파Huppa 밑에 설 수 있도록 자녀를 인도하기, 마아심 토빔Ma'asim tovim, 선한 행동 실천하기가 이에 해당한다. 이 중 후파는 유대인 결혼식에서 신랑과 신부를 위한 휴대용 차양을 의미한다. 후파 밑에 설 수 있는 자녀란 다른 사람과 좋은 인간관계를 맺는 사람을 의미한다.

유대인 부모는 자녀에게 이런 말을 자주 한다.

"네가 베푼 작은 친절과 배려로 그 사람이 새로운 인생을 살 수 있단다."

멘쉬의 삶을 강조한 것이다. 우리 사회에 노벨상을 타는 학자, IT기술 혁신을 불러오는 사업가 등 다양한 사람이 필요하지만, 정작 우리의 일상과 삶의 바꾸는 사람은 이러한 거대한 위치에 있는 사람이 아니다. 옆집의 이웃이 식사를 잘 챙기는지, 아랫집 할머니가 며칠 동안 인기척이 없는데 혹시 무슨 일이 생기지는 않았는지 윗집 학생이 요즘 통 안 보이는데 혹시 어디를 다쳤는지, 이웃을 걱정하고, 돌봐주며, 필요한 경우 작은 도움을 주는 이웃인 멘쉬가 우리 일상을 바꾸는 '위대한 거인'이다. 유대인 부모가 자녀가 멘쉬가 되기를 바라는 중요한 이유는 바로 자녀의 행복과 관련있다. 멘쉬는 이웃에게 선행을 베풀며 세상을 개선하고, 그 과정에서 행복감을 느끼기 때문이다.

스위스 한 연구팀이 선행과 행복감에 대한 연구를 했다. 두 그룹 참가자에게 돈을 주고 한 그룹은 자신을 위해, 다른 그룹은 타인을 위해 돈을 쓰라고 했다. 타인을 위해 돈을 사용한 그룹은 다른 사람에게 더 너그러웠다. 더 나아가 연구팀은 타인에게 이로운 행동을 할 때 뇌에서 행복감을 느끼는 것으로 밝혀냈다.

유대인 부모가 자녀를 멘쉬로 키우고자 하는 이유는 무엇일까? 이는 티쿤 올람이라는 유대교 사상과 밀접하게 관련이 있다. 유대인은 유대교에 따라 하나님의 뜻을 이해하고, 하나님의 작업에 참여해야 한다. 여기서 하나님의 작업은 불완전한 세상을 보다 완전하게 바꾸는 작업이다. 과학의 혁신이나 기술의 혁명을 통해 세상을 바꿀 수도 있지만, 이보다 더 필요한 것은 바로 우리 가까이에 있는 사람들의 구체적인 삶을 도와줌으로써 세상을 이롭게 하는 것이다.

진정한 인간, 이것이 바로 멘쉬의 본질이다. 인간의 눈으로 성공 여부를 판단하는 것이 아니라, 하나님의 기준으로 성공을 판단하는 것이다. 하나님의 눈에 멘쉬는 '위대한 성공자'다. 세속적 기준이 아니라, 신앙의 기준으로 바라보기 때문이다. 유대인 부모가 자녀에게 바라는 것은 바로 신앙적인 성공이다. 대기업 회장이나 정치권력을 가진 대통령보다 멘쉬가 더 위대하다고 생각하는 이유다.

일생일대의 행사인 결혼식에서 신부와 신랑을 위해 후파를 아낌없이 들어 그늘을 만드는 사람, 우리 사회 적재적소에 필요한 도움을 아낌없이 줄 수 있는 사람, 그가 바로 멘쉬다. 이러한 사람을 어떻게 존경하지 않을 수 있는가? 유대인이 절대 듣기 싫어하는 말이 있다.

"그는 멘쉬가 아니야!"

자녀가 이런 소리를 듣는다면, 이들은 자녀를 잘못 키운 자책으로 엄청난 실망을 할 것이다. 당신은 자녀의 어떤 성공을 원하는가? 경제적으로 성공한 자녀를 원하는가? 이웃과 더불어 살아가는 인성으로 성공한 자녀를 원하는가? 물론 부모는 자녀가 인성도 좋고, 경제적으로도 성공하기를 바란다. 미래 사회는 원룸이나 1인 가구에서 사는 사람들이 대세가 된다. 좋은 인간관계를 맺는 경험이 현실적으로 어려워지는 사회다. 이러한 사회에서는 좋은 인성을 가진 사람이야말로 특별한 재주를 가진 사람이 될 것이다.

한편, 사회가 전문화되고, 분업화되면 될수록 누군가와 협력을 해야 사회 혁신을 일으킬 수 있다. 사람과 사람 사이에서 좋은 관계를 맺어 시너지를 이끌어내는 놀라운 능력이야말로 미래 사회에서 성공 요건이 될 것이다. 그런 의미에서 멘쉬는 한국 부모들에게도 자녀의 인재상으로 적절하다.

멘쉬는 누구나 될 수 있다. 평범한 사람도 멘쉬가 될 수 있다. 유불리有不利를 가리지 않고 이웃에 선행을 베풀며, 덕을 쌓고 주변 사람으로부터 존경을 받으면 그가 바로 멘쉬다. 자녀를 멘쉬로 키워보자. 원자화되어가는 세상에서 사람과 사람을 연결해주고, 이웃에게 부족한 부분을 메워주며, 세상을 조금씩 바꾸고, 사람들 사이에서 행복한 사람. 세상에서 가장 행복하고 존경받는 자녀, 바로 당신의 자녀가 멘쉬다.

역경 가운데 평생 힘이 되는 자존감을 높여라

초등학교 학부모 참관수업일이 코앞이다. 평소 소심하고 자신감 없는 아이라 내심 걱정이 크다. 아니나 다를까 선생님이 수업을 시작하자 "저요! 저요!" 하는 아이들 사이에 내 아이만 유독 고개를 숙이고 있다. 학교 엄마들과 길에서 우연히 만나면 "OO야, 이번에 우리 OO와 물놀이 하면서 놀래?"라고 아이에게 질문하면, 아이는 내 얼굴을 쳐다보며 무언의 SOS를 요청한다. 아이가 답변을 생각할 시간이 채 주어지기도 전에 "우리 OO는 물을 무서워해요! 다음에 생각해볼게요"라고 재빠르게 엄마가 먼저 대답한다. 아이 대신 대답을 해주고도 '내가 아이 스스로 답변할 수 있는데 기회를 빼앗은 것은 아닌지, 내가 아이를 더 소심하고 자신감 없게 하는 것은 아닌지' 자책할 때가 있다. 자녀에 대한 엄마들의 흔한 고민거리다.

많은 엄마들은 자존감과 자신감을 헷갈려 한다. 자존감은 '자아존중감'의 줄임말이다. 이는 자신을 있는 그대로 바라보는 마음이다. 사전적 정의로는 '자신 내부의 성숙된 사고와 가치에 의해 얻어지는 개인의 의식'이라고 나와 있다. 한편, 자신감은 '나는 다른 아이보다 잘해!' 하는 남과의 비교개념에 바탕을 두고 있다. 자신감은 남보다 잘하는 뭔가를 발견해서 키우는 장점이 있다. 그러나 남보다 잘하는 것이 없다면, 자신감은 때때로 '좌절감'이나 '열등감'으로 바뀔 수 있다.

그렇다면 우리 아이에게 필요한 것은 무엇일까? 자신감도 중요하지만, 자존감이 더 중요하다. 자존감이 높은 아이는 좀처럼 외부의 평가나 판단에 흔들리지 않는다. 자존감이 있는 아이는 자신을 믿고, 자신이 원하는 방향을 향해 주도적으로 이끌어 나갈 수 있는 힘이 있다. 한편 자존감과 유사하지만, 다른 것이 자존심이다. 둘 다 자신을 긍정적으로 본다는 점에서 공통점이 있다. 하지만 자존심은 자신감과 유사하게 타인과의 비교와 경쟁을 전제로 한다. 이러한 경쟁에서 지면 자존심은 쉽게 무너지는 단점이 있다.

유대인 부모는 자존심, 자신감, 자존감 중 자존감을 중요시 여긴다. 자존심과 자신감은 '같은 것'을 가지고, 다른 사람과 비교해서 우월하다는 생각에 기초한다. 이들은 모든 자녀 하나하나가 세상에 하나밖에 없는 '나'라고 생각한다. 이들은 형제간에도 서로 비교하는 것을 금기시한다. 이러한 이유에서 유대인 부모는 자녀의 자존감을 키우려고 노력한다. 이들은 자녀가 자신만의 개성을 살리고, 달란트를 개발해 티쿤 올람 정신으로 신의 과업에 동참할 것을 기대하기 때문이다.

전문가들에 따르면, 자존감은 세 가지 단계를 통해서 형성된다. 자아, 1차 자존감, 2차 자존감이 이에 해당한다. 이 중 가장 중요한 단계가 0~3살 영유아기에 부모와의 관계를 통해 형성되는 1차 자존감인 핵심자존감 단계다. 핵심자존감이 중요한 이유는 타인이 자신을 사랑해줄 것이라는 믿음이 형성되는 시기이기 때문이다. 영유아기에 부모와 긍정적이고, 안정적인 애착 관계를 형성한 자녀는 부모에게서 충분한 사랑을 받는다. 이 시기에 부모의 사랑을 받은 자녀는 부모가 아닌 다른 사람도 자신을 사랑할 것이라는 믿음을 형성한다. 부모와 자녀는 호기심으로 무장해 세상으로 적극적으로 나아갈 수 있다.

그렇다면 유대인은 영유아기에 자녀의 핵심자존감을 어떻게 키워줄까? 바로 앞서 말했던 베갯머리 독서를 한다. 자녀가 돌이 지나면 유대인 부모는 어김없이 자녀의 침대로 다가와 자녀에게 10~20분 정도의 책을 읽어준다. 책을 읽고 나서는 책에 대한 상상력을 북돋아준다. 때로는 자녀와 스킨십을 통해 자녀는 부모가 자신을 진심으로 사랑하고 있음을 확신하게 된다. 이처럼 유대인 부모는 영유아기 골든타임에 매일 20분 독서를 통해 자녀의 핵심자존감을 형성해준다.

유대인 부모가 자녀의 자존감을 높이는 두 번째 방법은 칭찬이다. 《성경》에 이런 구절이 있다.

"도가니로 은을, 풀무로 금을, 칭찬으로 사람을 단련하느니라."

잠언 27:21

유대인 부모는 칭찬을 통해 자녀가 자존감을 가지고, 자신이 원하는 것을 찾아 나아갈 수 있다고 믿는다. 그러나 여기서 칭찬은 반드시 타당한 이유가 있는 일이어야 한다. 이들은 단순히 결론만 보고 칭찬하지 않는다. 일부 한국 부모는 자녀에게 무조건 칭찬하면 좋은 효과가 있을 것이라 생각한다. 그러나 '무조건 엄지척!'이 능사는 아니다.

유대인 부모는 칭찬을 할 때 지혜롭게 하려고 애쓴다. 아이도 동의할 수 있는 충분한 근거와 설명이 있어야 한다. 이들은 자녀의 행동 결과뿐만 아니라, 그 과정과 목적을 보고 하나님의 선악의 판단기준에 부합할 때 비로소 칭찬한다. 유대인 부모는 칭찬만 하는 것이 아니다. 필요할 때는 엄하게 자녀를 훈계한다. 그러나 자녀를 야단칠 때도 자신의 감정에 따라 함부로 하지 않는다. 이들은 자녀를 꾸중할 때 부모의 개인 가치관에 기초하지 않는다. 이들의 기준은 하나님이다. 하나님의 기준으로 선한 행위인지, 아닌지가 꾸중의 근거다. 유대인 자녀는 부모의 개인적 취향이나 가치관이 아닌 《토라》와 《탈무드》에 근거한 율법에 따라 야단을 맞는다.

유대인이 자녀의 자존감을 높이는 세 번째 방법은 하브루타 독서법이다. 유대인은 시간과 장소를 가리지 않고, 책을 읽으며 하브루타를 한다. 자녀가 책을 읽고 부모에게 질문을 하거나, 그 반대로 부모가 자녀의 호기심을 유발하는 질문을 한다. 책에 대한 부모의 질문은 자녀의 상상력과 창의력을 자극한다. 부모와 자녀가 서로의 질문과 답변을 끝까지 경청하고, 다시 질문과 답변으로 대화가 이뤄진다. 이러한 하브루타 과정은 자연스럽게 자녀의 자존감 향상으로 이어진다. 부모와의 소통과 가정의 행복은 말할 것도 없다.

자존감은 행복과 관련이 있다. 자존감이 높은 사람은 자신을 타인과 비교하지 않고, 자신을 있는 그대로 인정하기 때문에 스스로 행복하다. 행복하다고 자존감이 높은 것은 아니지만, 자존감이 높은 사람은 행복하다. 미국 심리학자들의 자존감과 행복감에 대한 흥미로운 연구가 있다. 이 연구팀은 무려 30년 이상 70살 성인을 대상으로 〈사람의 행복과 불행의 사회적 · 지리적 근접관계〉에 대한 연구를 실시했다. 연구결과에 따르면 근처에 행복한 사람이 있다면, 그렇지 않은 경우보다 행복지수가 훨씬 높게 나왔다. 주변에 가까이 있는 사람이 행복하면, 그와 가까운 사람도 행복해질 가능성이 높음을 의미한다.

유대인의 자녀가 자존감이 높은 이유는 유대인 부모 간의 좋은 관계와 무관하지 않다. 유대인 부모는 서로에 대해 존중하고, 찬사를 보내며 가정의 행복을 이끌어간다. 유대인은 자연을 비롯해 모든 것에 감사함과 경외심을 갖도록 가르친다. 이러한 가르침을 먼저 실천한 유대인 부모는 대체로 행복할 수밖에 없다. 유대인 가정의 이혼율이 상대적으로 낮은 것도 이 때문이다. 이처럼 유대인 자녀가 자신감을 갖는 이유는 바로 자녀와 가장 가까이에 있는 부모가 행복하기 때문이다.

자신감, 자존감, 자존심을 구분해보자. 자신감이 없는 아이보다 자존감이 없는 아이가 더 큰 문제다. 자녀가 만 3살 미만이라면, 자기 전에 시간 나는 대로 자녀가 좋아하는 책을 골라 읽어주자. 하루를 마무리하는 자녀에게 부모의 스킨십과 스토리텔링으로 부모와의 애착형성을 높여보자. 자녀의 상상력을 지지하고, 자녀의 표현에 반응하며 자녀와 이야기를 나눠보자.

자녀의 자존감을 세워주고, 자존감을 바탕으로 자녀가 자신의 꿈을 찾도록 돕는 것이 부모의 책임이라는 사실을 깨닫자. 자녀의 자존감은 칭찬으로 자란다. 그러나 무조건 칭찬으로는 부족하다. 자녀가 마땅히 칭찬받아야 할 이유가 있을 때, 또는 그 근거를 부모가 찾아 칭찬으로 자녀의 자존감을 높여주자.

아이와 소통하는 부모가 되자. 자녀와 부모의 소통은 가정 행복의 기둥과 같다. 부모가 아이와 말이 통하지 않으면 아이가 행복할 수 없다. 행복하지 않은 아이는 자존감을 형성하기 어렵다. 꼭 하브루타일 필요는 없다. 반드시 독서와 대화를 통해 자존감을 높일 필요는 없다. 그러나 독서는 자녀의 두뇌를 자극한다. 창의력과 상상력을 자극해 자녀의 장점과 강점을 개발하는 지름길이다. 자녀가 좋아하는 책을 골라 읽고 대화를 나눠보자. 자녀의 자존감은 자녀 행복과 자녀 인생 성공의 주춧돌임을 잊지 말자.

인생의 힘, 호프마유머를 키우자

부모는 내 아이가 친구들에게 인기가 많기를 바란다. 어느 곳에 가든 주변에 친구들을 모이게 하는 재주가 있는 아이가 있다. 유머나 농담을 잘하는 아이다. 또래가 가장 중요한 시기에 아이들은 자신에게 친구가 없다며 유머 있는 친구를 부러워한다. 딱히 부모조차 유머 감각이 없다면 자녀의 고민 앞에 속수무책이다. 친구들을 초대해서 물질공세를 시도해보지만 효과가 오래가지 않는다. 아이는 다시 '친구 없는 혼자'가 되고, 이를 보는 부모의 마음은 무겁기만 하다.

전문가들은 유머가 사람과의 관계를 향상시키고, 학습효과도 높인다고 한다. 실제로 웃음은 좋은 인간관계를 만드는 데 매우 중요한 요소다. 자신과 주변 사람을 웃게 만드는 유머는 대인관계에서 쉽게 친해지게 만들고, 호감을 느끼게 한다. 뿐만 아니라 불안감,

스트레스 등 부정적인 감정을 완화해준다. 전문가들에 따르면 농담을 하거나 들으면, 감정통제와 정보 해결을 담당하는 두뇌 앞쪽이 활성화된다. 유머라는 추상적인 사고를 하는 동안 주의력이 집중되고, 창의력이 생겨 성과가 높아진다는 연구도 있다. 유머가 아이의 뇌를 활성화시켜 기억력과 학습력을 높일 수 있다는 근거다.

유머나 조크와 가장 유사한 히브리어로 '호프마'가 있다. 호프마의 원래 뜻은 '예지' 또는 '지혜'를 의미한다. 유대인은 전 세계 어떤 민족보다도 유머를 즐기는 민족이다. 유대인 격언에 이런 말이 있다.

"생물 중에 인간만이 웃음을 안다. 인간 중에서도 현명한 자만이 웃는다."

《탈무드》에는 이런 표현도 있다.

"아파도 눈물이 나오고, 웃어도 눈물이 나온다. 하지만 웃을 때 나오는 눈물은 눈동자를 빨갛게 물들이지 않는다."

같은 물이지만 웃음은 눈물과 달리 감정의 정화가 아닌 지성의 기쁨을 준다. 유대인의 유머는 유대 민족의 고난의 역사와 관계가 있다. 제2차 세계대전 당시 죽음의 수용소에서 하나님에 대한 감사 기도를 드렸듯, 유대인은 죽음 앞에서도 유머로 웃을 수 있는 민족이다. 이들은 무수한 핍박과 고난 속에서, 희망을 버리지 않고 살아남기 위해 유머를 즐겼다. 유대인에게 유머는 단순한 말장난이 아닌, 슬픔과 해학에서 승화시킨 가장 지적인 대화다. 유대인은 '유머의 꽃은 슬픈 시대에 핀다'고 자주 이야기하는데, 이는 결코 우연이 아니다. 유대인은 현실의 참혹함과 고통스러움을 잊고, 신에 대한 긍정과 삶에 대한 긍정의 힘을 키워왔다.

세계적인 유대인 심리학자 지그문트 프로이트는 "유머는 유아기의 놀이적 마음 상태로 돌아가게 하는 어른들의 해방감"이라 정의했다. 또한 한국에도 잘 알려진 랍비 마빈 토케이어는 유머의 효과에 대해 이렇게 말했다.

"자기 목표를 향해 달려가는 사람에게 웃음은 자동차의 가속페달과 같다. 낯설고 긴장된 자리에서 던지는 한마디 유머는 화기애애한 분위기로 이끌 뿐만 아니라, 자신의 가치와 역량을 드높이는 힘이 된다."

세계적인 거부 로스차일드Rothschild는 "나의 무기는 조크다"라고 습관처럼 이야기했다. 또한 아인슈타인은 노벨상 시상식장에서 이런 말을 했다.

"나를 키운 것은 유머였고, 내가 보여줄 수 있는 최고의 능력은 조크였다. 세상 사람들은 규칙을 지키는 것이 가장 중요한 가치라고 생각하지만, 나는 반대로 규칙을 뒤집었을 때 우리에게 가장 필요한 새로운 규칙이 탄생한 것이라고 믿는다."

유머를 통해 인간은 잠시 모든 근심과 걱정을 내려놓고, 천진난만한 아이로 돌아가는 마법 같은 시간을 갖게 된다. 아인슈타인과 프로이트가 당대에 뛰어난 코미디언이라는 사실을 아는 사람은 많지 않다.

유대인은 유머를 단순한 농담이 아닌, 수준 높은 지적 산물이라고 생각한다. 그래서일까? 유대인은 유머가 없는 사람을 만나면 "머리를 숫돌에 갈아야겠다"라고 말한다. 유대인은 오래전부터 숫돌에 칼을 갈아 날을 세우듯, 유머로 인간의 지성이 날카롭게 연마될 수 있다고 믿었다. 유머는 추상적이고, 정신적인 작업을 통해 사람들의 관심과 흥미를 자아내는 창조적인 행위다. 유머의 백미는 사람의 감정과 생각을 단숨에 읽어내 한마디 조크로 상대방을 제압하는 것이다. 이를 위해서 유머는 빠른 두뇌 회전이 필수다. 유머를 직업으로 하는 미국 코미디언의 80% 이상이 유대인이라는 점은 시사하는 것이 크다.

영국에서 태어나 미국에서 활약한 유대인 찰리 채플린은 날카로운 풍자와 뛰어난 연기로 '희극의 왕'이라고 불린다. 그는 자신의 작품 〈위대한 독재자〉에서 팬터마임을 통해 히틀러를 풍자한 것으로 유명하다. 이탈리아 코미디 영화 〈인생은 아름다워〉는 재치와 유머가 넘치는 주인공 귀도에 관한 이야기다. 귀도는 죽음의 수용소에 갇힌 아들 조수아가 현실의 비참함을 모르기를 원한다. 그는 수용소 생활을 단체게임이라며 1,000점을 따는 사람이 탱크를 갖는다고 속인다. 자신의 아들이 천진난만함을 잃지 않도록 눈물겹게 사투하는 아버지의 유머러스한 장면은 세계인의 마음을 사로잡았다.

유머는 유대인의 성공과 밀접한 연관성을 갖고 있다. 사회적 성공에 유머는 필수다. 그래서 유대인은 사회적으로 성공할수록 유머가 중요하다고 생각한다. 이들은 유머야말로 '지성의 꽃'이라고 믿기 때문이다. 흥미로운 것은 세계적인 명사들 가운데 뛰어난 유머를 구사하는 사람이 적지 않다는 것이다. 말 한마디로 좌중을 압도하기 위해서는 창의성, 상상력 더 나아가 순간적인 기지가 절대적으로 필요하다.

그렇다면 유머는 선천적인 것일까? 후천적인 개발이 가능한가? 심리학자들에 따르면 노력을 통해 유머 감각을 개발할 수 있다고 한다. 유머 재고 조사라는 것이 있다. 하루에 얼마나 웃고, 사람들과 어떤 내용의 대화를 하는지 꼼꼼히 살피는 작업이다. 유머 재고 조사를 마치면 유머와 관련된 책, TV, 라디오 등 자료를 찾아 학습한다. 이후 학습한 것과 실제 유머가 이뤄지는 상황을 매일매일 기록한다. 이것이 바로 유머 노트다. 마지막으로 유머 노트에 적은 내용을 상황에 적절하게 실행한다. 전문가들은 이러한 노력 외에 한 가지를 더 조언한다. 웃음이나 유머를 부정적으로 보는 인생관을 바꾸라는 것이다.

유머 있는 자녀를 만들고 싶은가? 유머는 빠른 두뇌 회전으로 가능하지만 노력으로도 가능하다는 확신을 갖자. '나는 원래 이래'라는 마인드로는 유머 능력을 키울 수 없다. 원래 그런 사람은 없다. 어제는 그랬을지 모르지만, 오늘은 다른 '나'가 될 수 있다. 어제의 나는 바꿀 수는 없지만, '오늘의 나'는 바꿀 기회가 있지 않은가? 웃음과 유머에 대해 부정적인 인식이 있다면, 왜 그런 생각을 갖게 됐는지 꼼꼼히 따져보자. 생각을 바꾸지 않으면 썰렁 개그에 웃음거리밖에 될 수 없다. 어떤 부모도 자녀를 웃음거리로 만들고 싶지는 않을 것이다.

자녀와 함께 유머 노트를 만들어보자. 유머는 연령에 따라 다르다. 나이에 맞는 유머 책과 자료를 찾아 함께 읽고 웃어보자. 가정에서 유머를 사용할 때마다 물개박수로 폭포수 같은 칭찬을 아끼지 말자. 처음에는 어색하고 썰렁하지만, 칼을 숫돌에 갈면 날카로워지듯, 유머도 연습하면 늘 수밖에 없다. 특히 자녀가 심리적으로 어려울 때 던지는 한마디의 유머, 고난을 극복한 유대인의 지혜를 빌려 함께 극복해보자.

유머 있는 자녀는 인생에 힘든 순간이 찾아와도 이를 극복할 용기와 힘을 갖는다. 모두가 긴장하는 큰일에도 단 한마디의 조크로 상황을 뒤집는 기지와 여유를 발휘해 인생과 사업 성공을 위한 기회를 노릴 것이다. 자녀와 함께 유머 감각을 키워보자. 자녀의 성공감각도 함께 자라난다. 유대인의 성공에 유머가 있듯이 자녀의 유머는 성공적인 인간관계와 미래 성공의 디딤돌이 될 것이다.

CHAPTER 6

경제 교육, 빠를수록 부자에 가까워진다

유대인은 작은 푼돈도 소중히 여긴다. 유대인에게 있어서 부의 축적에는 은퇴가 없다. 이들은 평생 살면서 《토라》와 《탈무드》를 공부해야 하듯, 평생 부를 축적하고 자산관리를 해야 한다고 생각한다. 유대인 부모가 자녀에게 대를 이어 물려주는 것은 단순히 물질적인 '돈'이 아니다. 자녀 스스로 물고기를 잡을 수 있는 방법인 '부를 만들어갈 수 있는 힘'이야말로 유대인 부모가 자녀에게 주는 돈보다 값진 진짜 '부'다.

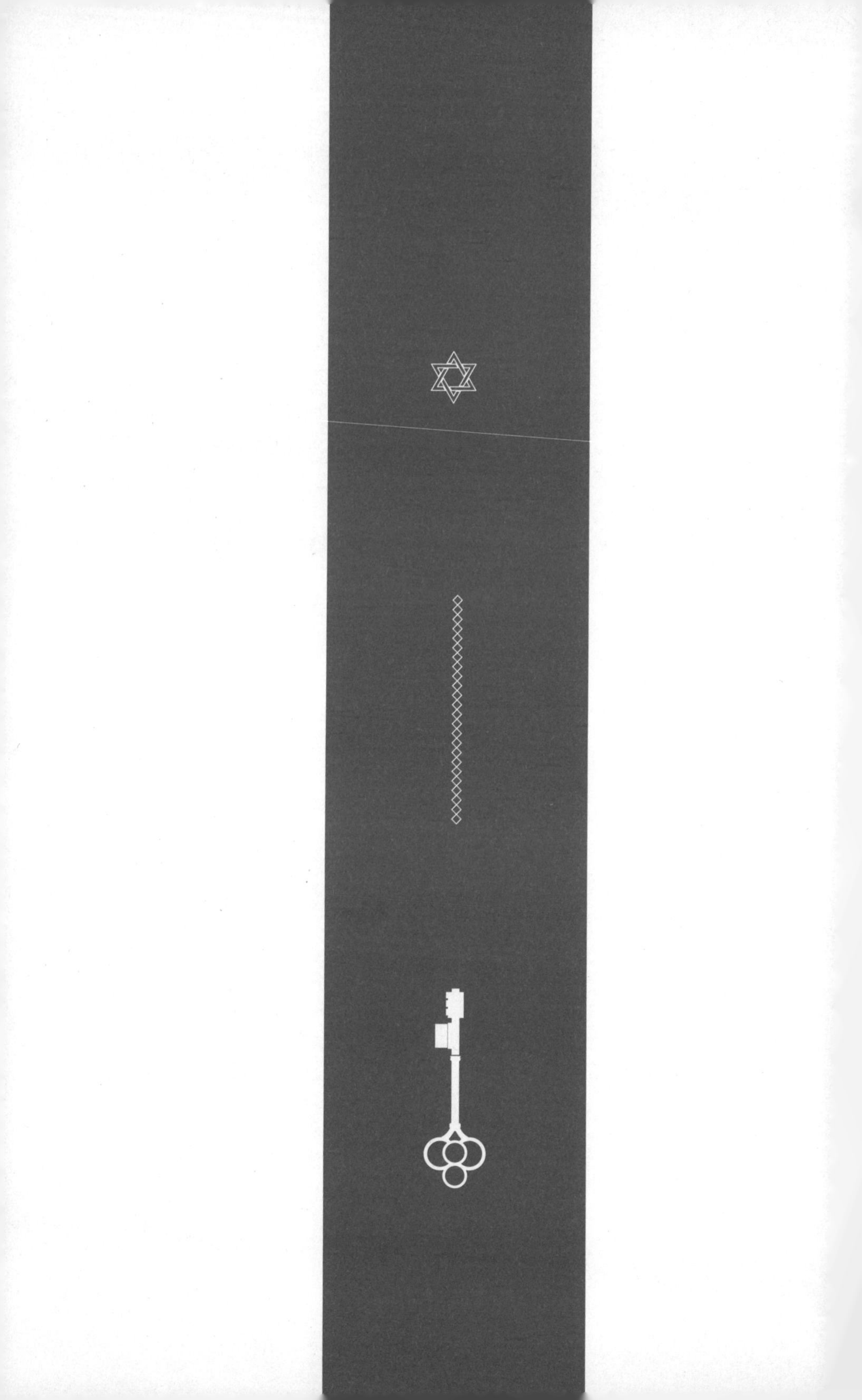

돈은 선도 아니고 악도 아니다

한국 사람은 돈에 그다지 긍정적이지 않다. 그러다 보니 아이에게 돈에 대한 이야기를 좀처럼 하지 않는다. 특히 집안이 어려워도 부모는 아이가 없는 자리에서 돈 문제를 의논한다. 다수의 부모들은 '아이에게 돈 이야기는 아직 이르다'라는 생각을 한다. 한편, 빠듯한 살림에 아이랑 마트나 백화점에 가면 아이가 사고 싶은 것을 고르라고 한다. 막상 아이가 고르면 "○○야, 엄마 돈 없어. 싼 걸로 골라 봐! 싼 거 뭐 다른 건 없어?"라고 할 때마다 '아이한테 너무 돈돈 하는 거 아닌가?' 하는 자괴감에 빠진다.

'돈'에 대한 유대인의 시각은 우리와 사뭇 다르다. 유대인은 돈은 신이 주신 것으로, 선도 아니고 악도 아니라고 생각한다. 이들은 또한 돈을 '쌓아 두는 것이 아니라 불리어 평생 늘려가는 것'이라고 생각한다. 《탈무드》에는 이런 말이 있다.

"재물은 자신의 것이 아니다. 돈은 좋은 일을 위해 쓰라고 준 것이니 쌓아 놓고 있지 말라."

유대의 현자는 이런 말도 했다.

"재물은 악이 아니며, 저주도 아니다. 재물은 사람을 축복하는 것이다."

그렇다면 유대인은 자녀 경제 교육을 어떻게 할까? 유대인 부모는 자녀가 태어나면 가장 먼저 자녀 명의의 보험증권, 적금통장, 증권통장을 마련한다. 유대인의 투자 원리인 3, 3, 3의 법칙에 따른 분산 투자를 하는 것이다. 아이가 걷기 시작하면 손에 동전을 쥐여 주어 식탁의 기부 저금통에 넣도록 한다. 이들은 자녀가 5살 전후가 되면, 아이에게 돈에 대한 개념을 가르치고, 저축을 위한 용돈을 주기 시작한다. 이때부터 아이는 용돈을 통해 저축을 하고, 자신이 원하는 물건을 살 수 있는 재무관리 능력을 키운다. 유대인 부모는 자녀가 초등학교 고학년이 되면 아르바이트를 허락한다. 유대인 자녀는 아르바이트를 통해 단순히 돈을 버는 것이 아니다. 이들은 용돈 벌기와 아르바이트를 통해 사회의 일원으로서 책임감과 자립심을 키우는 것이다.

아이가 초등학생이 되면 유대인 부모는 자녀의 이름으로 은행계좌를 개설해준다. 보통의 경우, 이들은 자신의 한 달 치 월급의 돈을 자녀 통장에 입금해준다. 유대인은 자녀가 스스로 돈을 관리하는 능력을 키워야 한다고 믿는다. 돈이 필요할 때마다 달래서 쓰면, 자녀는 돈을 어떻게 관리하고 사용해야 하는지 경험할 기회가 없어진다. 자녀의 저축도, 합리적인 소비능력도 키워지지 않는다. 대신 유대인 부모는 자녀가 12살 즈음 되면, 가계부를 이용해 돈을 어떻게 관리하는지 알려준다. 합리적 소비 지출에 대한 교육을 하는 것이다.

유대인 부모는 자녀가 만 13살여자의 경우 만 12살이 되면, 자녀에게 바르미츠바Bar mitzvah, 성인식를 치러준다. 성인식은 할례, 결혼식과 더불어 유대인의 3대 통과의례 중 하나다. 이때 자녀는 부모와 성인식에 참여한 친척들에게서 성경책, 손목시계 그리고 축하금을 받는다. 축하금 액수는 축하객 일인당 보통 200~300달러에 이른다. 이날 자녀가 모으는 축하금만 해도 수만 달러에서 수십만 달러에 이른다. 이 축하금은 다시 주식, 채권, 정기예금으로 나누어 분산 투자된다. 유대인 부모는 수만 달러에서 수십만 달러를 어떻게 관리할지, 향후 어디에 사용할지 자녀와 의논한다. 어려서부터 재무설계를 실전에서 배우는 셈이다. 유대인이 고등학교와 군복무를 마치게 되면, 성인식 축하금은 몇 배 이상의 자산으로 불어나 창업자금으로 사용하게 된다.

많은 사람들은 이스라엘을 전 세계 창업의 바이블로 여긴다. 이스라엘이 '창업국가Startup nation'로 불리는 이유다. 이스라엘에서는 인구 2,000명당 벤처 기업 하나가 나온다는 보고가 있다. 유대인은 창업을 이웃에게 일자리를 제공하는 좋은 것으로 생각한다. 유대인의 자선 중 최고 품격은 누군가 스스로 독립할 수 있는 일자리를 갖도록 하는 것이다. 이들에게 기업을 일으킨다는 것은 누군가 스스로 생계문제를 독립적으로 해결할 수 있도록 해주는 것이다. 즉 일자리 창출은 큰 자선 행위다. 이처럼 유대인이 돈을 벌기 위해 창업하는 것은 나쁜 것이 아니라 장려할 만한 일이다. 이스라엘에서 창업 전시회나 투자 설명회 등 곳곳에서 가장 자주 듣는 말이 '다브카Davca'다. 다브카는 히브리어로 '그럼에도 불구하고'라는 의미로, 유대인 청년의 불굴의 창업정신을 나타낸다.

유대인은 자녀의 통장을 마련함으로써 자녀의 경제 교육을 사실상 태어날 때부터 시키는 셈이다. 이스라엘 잡지 〈가정 교육〉에서 자녀 조기 경제 교육의 효과에 대한 흥미로운 조사에 관한 기사가 실렸다. 조사 결과에 따르면, 자녀의 경제 교육을 일찍 시작할수록 자녀의 소득이 높다고 한다. 일찍 경제 교육을 실천한 미국의 석유사업가 록펠러의 일화도 유명하다. 어린 록펠러는 아버지의 '피고용인'으로 농지에서 일하며 용돈을 직접 벌어 사용했다. 흥미로운 사실은 록펠러의 가문은 세대를 걸쳐 같은 방식으로 자녀에게 용돈을 벌어서 쓰도록 했다는 것이다.

유대인의 자녀를 위한 조기 재무설계에는 한 가지 눈여겨볼 만한 특별함이 있다. 바로 대물림 재무설계다. 유대인 부모는 종신보험이나 연금보험을 중요하게 여긴다. 이들은 자신의 종신보험을 들 때 자녀를 수혜자로 계약한다. 부모가 사망하면 자녀가 부모의 종신보험금을 받는다. 이러한 대물림 재무설계는 자녀의 자녀까지 끊임없이 지속된다. 이들은 대물림 재무설계를 통해 2~3대에 걸친 장기적인 안목의 자산관리 경험을 축적하게 된다.

유대인은 세계적으로 성공한 경제 집단임에 틀림없다. 그러나 이들의 경제관은 오로지 돈만을 목적으로 하지 않는다. 유대인은 자선을 선택이 아닌, 율법에 따른 의무로 여긴다. 유대의 현자는 이렇게 말했다.

"재물을 가지고 우선 자식을 키우고 교육하는 일을 하라. 그 나머지는 자선선행을 베풀어라."

이처럼 이들은 재물을 모으고 늘리는 것에 관심을 가졌지만, 동시에 수전노가 되는 것을 경계했다. 고작 2%에 불과한 미국 내 유대인이 미국 총기부액의 45%를 차지한다. 이는 유대인이 돈을 버는 만큼이나 기부를 실제로 실천하고 있음 말해준다.

유대인 가운데에는 거부가 많지만, 이들은 한결같이 단돈 1원도 소중히 여기는 습관이 있다. 유대인을 연구한 어느 학자의 말이다.

"유대인에게 부의 축적은 푼돈에서 비롯된다. 성공한 사업가는 얼마의 재산을 보유하고 있든 동전 한 푼도 함부로 쓰지 않는다."

길을 가다가 길에 떨어진 1원을 무시하는 가난한 친구에게 어느 성공한 유대인이 다음과 같이 말했다.

"나는 단돈 1원이라도 소중히 여겨야 한다는 사실을 잘 알고 있어. 동전도 엄연한 자산이니까. 눈앞의 자산조차 챙기지 않는 자네가 어찌 성공을 거두겠나?"

이처럼 유대인은 작은 푼돈도 소중히 여긴다. 유대인에게 있어서 부의 축적에는 은퇴가 없다. 이들은 평생 살면서 《토라》와 《탈무드》를 공부해야 하듯, 평생 부를 축적하고 자산관리를 해야 한다고 생각한다. 유대인 부모가 자녀에게 대를 이어 물려주는 것은 단순히 물질적인 '돈'이 아니다. 자녀 스스로 물고기를 잡을 수 있는 방법인 '부를 만들어갈 수 있는 힘'이야말로 유대인 부모가 자녀에게 주는 돈보다 값진 진짜 '부'다.

우리 사회에서는 돈을 버는 것에 대해 '돈을 밝힌다', '천박하다'라는 생각이 만연해 있다. 이러한 생각은 자녀의 경제 교육 필요성을 못 느끼게 만든다. 한국 아이들은 초등학교 사교육과 고등학교 입시까지 사실상 경제 교육을 전혀 받을 기회가 없다. 대학에 가서 현실을 맞닥뜨리고, 아르바이트로 용돈벌이를 시작한다. 반면 유대인 아이들은 5살 전후부터 용돈 교육을 받고, 중학교 때 즈음에 몇 천만 원에서 수억 원의 자산관리를 실전에서 하게 된다. 유대인은 여기서 멈추는 것이 아니라, 자산관리를 통한 종잣돈으로 대학 졸업 후 대체로 창업을 한다. 한국과는 비교할 수가 없다.

유대인이 왜 그토록 부유한가? 이들의 자녀 경제 교육을 보면 유대인은 부유하지 않을 수가 없다. 유대인 자녀의 경제 교육은 남녀가 따로 없다. 유대인 여성도 어려서부터 경제 교육을 똑같이 받고 자란다. 한국 엄마 중에서 주식, 채권, 장기예탁에 분산 투자하는 사람이 얼마나 될까? 부모가 자산관리 경험이 없는데, 자녀에게 제대로 된 경제 교육을 기대하기란 사실상 불가능에 가깝다.

자녀의 경제 교육에 앞서 우리 스스로 재무관리와 자산관리를 알아보자. 소액 주식과 채권 투자도 경험해보자. 부모가 모르고 자식을 가르칠 수 없다. 자녀 돌 반지, 가족과 친지들의 자녀 용돈을 활용해 자녀가 자산을 스스로 관리할 수 있도록 도와주자. 자녀의 경제적 성공은 자녀의 경제 교육 시점이 빠를수록 유리하다는 점을 잊지 말자!

노동은 신성한 것이다

밥 먹고 자리에서 일어나자마자 중학생 아이는 자기 방으로 쏙 들어간다. 숟가락을 식탁에 놓기, 엄마와 식사를 준비하기, 식사 후에 빈 그릇을 싱크대에 넣어 놓기 등 어느 것 하나 손 하나 까딱할 줄 모른다. 누구에게 잘못이 있을까? 아이는 잘못이 없다. 어려서는 '그릇이나 깨지 뭘 할 수 있겠어?', 아이가 충분히 조심성을 갖춘 나이가 되면 "공부나 열심히 해! 아무것도 하지 말고!" 하며, 부모는 아이에게 기회를 주지 않는다.

유대인 부모는 어려서부터 자녀에게 가사분담을 시킨다. 나이에 맞게 자신이 할 수 있는 목록을 주고, 스스로 결정해서 하도록 한다. 이러한 가사분담의 목적은 자녀에게 '노동의 신성함'을 깨우치게 하려는 것이다. 세상에 자신이 스스로 일하지 않고는 아무것도 얻을 수 없다는 것을 가르치는 것이다. 이들은 원하는 것이 있다면 스스로 노력해야 얻을 수 있다고 믿고 있다. 뿐만 아니라 집안일에 참여함으로써 자녀는 부모로부터 사랑받는 존재를 넘어 부모에게 필요한 존재라는 소중한 경험을 하게 된다. 하버드대 조지 베일런트George Vaillant 교수는 집안일에 대한 흥미로운 연구결과를 발표한 적이 있다. 이 연구에 따르면 성공한 사람들이 어릴 때 경험한 유일한 공통점은 집안일이었다.

유대인 부모는 자녀에게 물고기를 주기보다 물고기 잡는 방법을 가르치려고 한다. 물고기 잡는 방법을 알기 위해서는 스스로 물고기를 잡아봐야 한다. 이들은 자녀가 두 손과 두 발로 해내지 않으면 절대 그들의 것이 될 수 없다는 사실을 잘 알고 있다. 유대인 부모가 자주 이야기하는 두 가지 말이 있다.

"돈을 쓰고 싶다면 스스로 벌어서 써라!"
"일하지 않는 자는 먹지도 마라!"

유대인 부모가 자녀에게 노동의 가치를 가르칠 때 한 가지 주의하는 것이 있다. 바로 적절한 보상과 단 하루도 미루지 않는 보상의 원칙이다. 유대인은 자녀에게 어린 나이부터 아르바이트를 할 수 있도록 한다. 식당 서빙은 물론이고, 중고 제품 팔기, 세차, 시장 짐 나르기 등 종류도 다양하다. 자녀가 할 수 있는 일은 대체로 단순한 육체노동이다. 한 연구에 따르면 어린 나이에 일찍 아르바이트를 경험한 사람은 나중에 성인이 됐을 때 그렇지 않은 사람보다 소득이 더 높다고 한다. 어린 시절의 아르바이트로 노동관념과 경제관념이 동시에 형성되기 때문이다. 이스라엘 건국의 사상적 기초가 된 시오니즘 창시자 테오도르 헤르츨Theodor Herzl은 이런 말을 했다.

"한 국가의 부는 국민의 노동이다."

유대인이 얼마나 노동의 신성함을 중요하게 여기는지 이해할 수 있는 대목이다. 제프리 폭스Jeffrey Fox는 《왜 부자들은 모두 신문배달을 했을까》에서 워런 버핏Warren Buffett과 잭 웰치Jack Welch 등 세계적 거부의 공통점으로 신문배달을 꼽았다. 또한 미국 경제 잡지 〈포브스〉가 억만장자 400명을 대상으로 한 조사에서도 유사한 결과가 도출됐다. 이들 억만장자는 공통적으로 신문배달, 음식점 서빙, 주유소와 세차장 아르바이트를 해본 경험이 있었다. 어린 시절부터 힘든 노동을 통해 노동과 돈의 가치를 일찍 깨달았고, 이것은 나중에 중요한 성공 요인으로 작용했다.

유대인은 나름의 노동 윤리학을 가지고 있다. 이들은 노동을 통해 번 돈은 깨끗하다고 생각한다. 한 걸음 더 나아가 이들은 학력과 무관하게 노동으로 번 돈은 신성하게 여긴다. 노동은 사회의 부를 창조할 뿐 아니라, 개인에게 영혼의 안식을 주기 때문이다. 링컨Lincoln 대통령은 노동의 즐거움에 대해 이렇게 말했다.

"슬플 때는 노동이 좋은 약이다."

노동은 그 자체가 신성하며, 인간의 영혼을 맑게 해주는 신비로운 효과가 있다. 자녀에게 노동의 가치를 알게 하고 일하는 즐거움을 느끼게 만들어보자. 부모는 어떠한 이유로도 자녀가 노동의 가치를 배우고, 익히는 기회를 박탈해서는 안 된다. 우선 집안일 분담부터 시작해보자. 사랑만 받는 아이가 아니라, 부모에게 꼭 필요한 아이라는 점을 자녀 스스로 깨우치게 하자. 자녀가 자라면 아르바이트를 알아보게 하자. 지역 사회에서 할 것이 없다면 부모가 가정에서 아르바이트를 만들어 줄 수 있다. 타이핑 한 장, PPT 한 장 등 부모가 만들 수 있는 아르바이트는 무궁무진하다. 노동을 즐기는 자녀를 만드는 것이 자녀를 성공으로 이끄는 부모의 의무임을 잊지 말자.

86,400초/1일, 시간은 누구에게나 공평하다

유독 시간 관념이 없는 아이가 있다. 알람은 울리지만 아이는 미동도 하지 않는다. 시끄러워 견디다 못한 엄마가 알람을 끈다. 겨우 깨워 밥을 먹여 놓았더니 휴대폰 동영상 삼매경에 빠진다. 머리도 감아야 하고, 가방은 챙겼는지 확인도 해야 하는데, 아이는 잠옷 그대로 동영상만 바라보고 있다. 이뿐만이 아니다. 학원은 매번 지각이다. 학원 선생님의 문자와 전화가 한두 번이 아니다. 어디서 뭘 하는지 딱히 늦을 이유도 없는데 매번 지각한다. '저런 시간 개념으로 사회생활은 어떻게 하지? 밥은 먹고살 수 있을까?' 엄마는 닥친 현실보다 아이의 미래 걱정에 맥이 빠진다.

유대인은 시간을 소중히 여기는 민족이다. 《탈무드》에는 유대인이 어떻게 시간에 대한 개념을 갖게 됐는지 나와 있다. 유대인이 이집트의 노예로 살다가 이집트를 탈출할 당시 이들에게는 시간 개념이 없었다. 노예에게는 '시간'이라는 자유가 없었기 때문이었다. 유대인은 노예 생활을 마치고, 하나님으로부터 십계명을 받은 후 마침내 자유로운 인간이 됐다. 이때부터 유대인은 매일매일 어떻게 시간을 보냈는지 자신에게 묻기 시작했다. 오늘 하루 하나님의 말씀을 따르며 좋은 일을 했는지, 시간을 낭비하지 않았는지 등이다. 이러한 질문을 통해 유대인은 시간에 대한 개념을 터득하게 됐다.

유대인의 시간 개념은 종교와 밀접한 연관이 있다. 바로 안식일을 지키기 때문이다. 금요일 저녁부터 24시간 동안의 안식일은 유대인 자녀가 시간을 어떻게 활용해야 할지 실전에서 연습하는 훌륭한 기회다. 매주 금요일, 해가 지면 유대인 자녀는 학교 숙제를 모두 마치고 목욕을 한다. 가장 좋은 옷을 입고 본격적인 안식일 지키기를 시작한다. 유대인은 "시간은 삶이다"라는 말을 자주 한다. 돈보다 시간의 가치를 높이 평가한 것이다.

유대인은 시간 약속을 어긴 사람과는 약속을 연기하거나 다시 잡지 않는다. 또한 이들은 시간 약속을 어긴 사람과는 사업을 함께하지 않는 전통이 있다. 시간 약속 지키기는 사람의 성실성을 가늠하는 기본이기 때문이다. 심지어 유대인은 시간 약속을 지키지 않는 사람은 배신할 가능성이 높다고도 생각한다. 따라서 이스라엘에서 또는 유대인과 시간 약속을 위반했다면 다시는 사업의 기회가 없다고 해도 과언이 아니다. 이처럼 사업하는 유대인에게 시간 약속은 목숨과도 같다.

유대인 부모의 자녀 시간 훈련은 일상에서도 이뤄진다. 자녀가 놀이터에서 놀 때 이들은 '인간 타이머'를 자처한다.

"얘들아, 10분 남았다 … 5분 남았다 … 이제 딱 1분 남았다!"

유대인 부모는 아이들에게 반복적으로 남은 시간을 일깨워 스스로 시간을 관리할 수 있도록 한다. 자녀가 학교에 다니면 유대인은 자녀에게 "오늘은 무슨 일을 했니? 시간을 헛되이 보내지 않았니?"라는 질문을 자주 한다. 자녀에게 시간 관념을 일깨워주기 위함이다.

《탈무드》에는 이런 말이 있다.

"사람은 금전을 시간보다 소중하게 여기지만, 돈 때문에 잃어버린 시간은 돈으로 살 수 없다."

유대인은 돈으로 시간을 살 수 없다는 지혜를 자녀에게 가르친다. 이들은 또한 시간의 낭비가 돈 낭비보다 훨씬 위험한 것이라고 생각한다. 유대인 자녀는 만 13살에 성인식을 치를 때 시계를 선물로 받는다. 종교적으로, 사회적으로 독립하기 위해서 시간의 중요함과 시간관리 능력을 갖춰야 한다는 의미다.

모세오경인 《토라》를 최초로 분류한 마이모니데스는 율법학자이자 사상가다. 그는 이집트의 왕 살라딘의 의사였는데 오전에는 왕궁에서 일하고, 오후에는 귀족을 위해서, 저녁에는 일반인 치료에 헌신했다. 그는 모든 사람이 집으로 돌아간 뒤 늦은 밤부터 동이 틀 무렵까지 의학연구에 몰두했다. 그에게 개인적 시간이라고는 불과 몇 시간이었는데, 그는 이 시간마저 유대교 율법 연구와 집필에 활용했다. 마침내 그는 《탈무드》, 《성경》, 의학, 유대교 신학 등에 대해 수천 쪽 분량의 방대한 저술을 후대에게 위대한 성과물로 남겼다.

시간을 관리하기 위해서는 시간에 대한 개념이 먼저 있어야 한다. 시간 개념의 가장 기본은 약속 시간을 지키는 것이다. 존 F. 케네디의 어머니 로즈 여사가 식사 시간을 지키지 않은 자녀에게 절대로 밥을 주지 않았다는 유명한 일화가 있다. 단 수분의 차이로 로즈 여사의 자녀는 그날 끼니를 굶어야 했다. 1~2분이 무슨 차이가 있냐고 하지만, 사람에 대한 신뢰에 금이 가기에는 충분한 시간이다. 영국의 첫 번째 유대인 총리인 벤저민 디즈레일리 Benjamin Disraeli는 이런 명언을 남겼다.

"시간을 획득하는 사람은 모든 것을 획득한다."

그는 일찍이 시간관리가 인생의 성공에 핵심임을 간파했다. 자녀 셋을 성공적으로 키운 중국계 유대인 이민자 사라 이마스는 저서 《유대인 엄마의 힘》에서 '시간 통장'을 소개한다. 누구나 평등하게 가지고 있는 이 시간 통장은 매일 밤 12시가 되면, 새로운

86,400초가 입금된다. 중요한 것은 누가 이 시간 통장을 효율적으로 사용할 것이냐의 문제다. 그녀는 시간관리 능력에 대해 다음 세 가지를 특별히 강조했다. 첫째, 시간은 소모품이라는 것, 둘째, 시간에는 경중과 완급이 있어 급한 정도를 구분해서 일을 처리하라는 것, 셋째, 시간에는 종류가 있어 가장 효율적인 시간일 때 중요한 일을 하라는 것이다.

모든 인간에게 시간은 동등하다. 그럼에도 불구하고 같은 시간을 어떻게 사용하고 관리하느냐의 능력은 개인마다 다르다. 《탈무드》에 이런 말이 있다.

"인간을 판단하는 네 가지는 돈, 술, 여자, 시간이다."

시간을 관리하는 사람을 보면 그의 능력을 판단할 수 있음을 의미한다. 결국 시간관리 능력이 있는 사람은 같은 시간을 효과적이고, 효율적으로 사용해 남들보다 몇 배의 성과를 낸다. 이처럼 성공한 유대인은 시간에 끌려 다니지 않고, 오히려 시간을 앞서나가 성공의 지름길을 향해 나아간다.

유대인 부모는 자녀에게 자산관리 능력을 훈련하기 전에 시간 투자법을 먼저 가르친다. 시간관리는 부모가 자녀에게 가르치는 첫 번째 투자 기술인 셈이다. 유대인 속담에 이런 말이 있다.

"유대인은 시간을 갖고 있지 않다. 유대인은 언제나 시간을 앞서 달리고 있을 뿐이다."

이처럼 사회 각 분야에서 뛰어난 유대인들의 공통점은 자신의 일에 열중하고, 시간 활용에 탁월하다는 것이다. 시간관리 능력은 자기관리 능력 중 하나다. 시간을 잘 관리한다는 것은 자기관리 능력이 탁월함을 의미한다.

인생에서 돈보다 더 소중한 시간을 자녀에게 어떻게 가르칠까? 자녀와 함께 유대인의 시간약속 지키기와 시간관리 능력에 대해 이야기를 나눠보자. 자녀와 시간약속을 한두 가지를 정하고 위반했을 때 불이익도 스스로 정하도록 하자. 시간 약속을 어기면 양보 없이 불이익을 감수하도록 하자. 물론 지킬 경우 보상도 자녀 스스로 정해야 한다. 알람을 맞추고 스스로 일어나기로 정하면 어떨까? 잠을 자는 시간을 약속해보면 어떨까? 자녀는 시간의 소중함, 시간 약속의 소중함을 스스로 깨닫게 될 것이다.

자녀의 시간관리 능력은 시간 약속 지키기보다 조금 더 복잡하다. 자녀가 스스로 경중을 따지고, 완급을 따질 수 있는 연령이어야 한다. 또한 한 가지 미션이 아니라 여러 가지 미션을 복합적으로 수행하도록 설계해야 한다. 가령 주말에 몇 가지 집안일을 제안해볼 수 있다. 세탁기를 돌리고 세탁물 널기, 자신의 방 정리, 세탁물 찾아오기, 화분 물 주기 등이다. 학교 숙제 외에 이러한 과제물을 토요일과 일요일이라는 제한된 시간 안에 스스로 순서를 정해 효과적으로 처리할 수 있도록 기회를 주자.

동물 가운데 인간만이 시간에 대한 개념을 가지고 있다고 한다. 시간관리는 유대인이 노예 생활을 마치고, 자유의 몸으로 돌아왔을 때 비로소 가능해졌다. 인간만이 누릴 수 있는 자유가 바로 시간을 인식하고, 시간을 관리하는 능력이다. 사업이든, 학문이든 성공한 사람들의 공통점은 시간관리 능력이다. 자녀의 시간관리 능력을 높여 자녀 성공의 필요조건을 만들어보자.

성인식 축하금, 재무관리로 창업 종잣돈이 되다

현행 민법상 성년은 19살이다. 우리나라는 성인으로서 자부심과 책무를 느낄 수 있도록 하기 위해 매년 5월 셋째 주 월요일 성년의 날을 기념하고 있다. 40년 넘게 이어온 연례행사다. 요즘 아이들은 잘 먹고 잘 자라 초등학교 고학년이나 중학생만 되어도 성인과 구분이 안 될 때가 있다. 여자아이인 경우 화장이라도 하면 성인인지, 아닌지 헷갈린다. 형사상 책임이 없는 아이들이 끔찍한 범죄를 저질러도 형법상 책임을 물을 수 없어 사회적 논란이 되기도 한다.

유대인에게는 인생의 3대 축제가 있다. 할례식, 성인식, 결혼식이다. 할례식은 생후 8일째 이뤄진다. 성인식은 남자아이의 경우 만 13살, 여자아이는 만 12살에 치른다. 유대인은 성인식을 '바르 미츠바Bar mitzvah'라고 한다. 히브리어로 바르는 아들, 미츠바는 율법을 뜻한다. 자녀가 딸일 경우 '뱃 미츠바Bat mitzvah'라고 부른다. 즉 성인식이란 유대인 자녀가 하나님과 비로소 효력이 있는 계약을 맺고, 하나님의 율법을 준수하겠다는 다짐의 행사다. 《탈무드》에 따르면 13살 이하 아이는 아직 성인이 아니기 때문에 계약은 효력이 없다.

유대인이 성인식을 13살에 치르는 이유는 자신의 조상 아브라함까지 거슬러 올라간다. 믿음의 조상 아브라함은 아버지의 우상을 부수고 갈대아 우르에서 하란으로 도망가는데, 이때 아브라함의 나이가 13살이었다. 이들은 13살이 되면 하나님과 우상을 구별할 수 있다고 믿고 있다. 한편 《탈무드》에는 이런 말이 있다.

"13살은 《성경》의 가르침대로 살아갈 나이, 18살은 결혼 정년기, 20살은 경제적 책임을 지는 나이이다."

성인식은 언제, 어디에서 이뤄질까? 유대인의 전통에 따르면 성인식은 만 13살 하고 하루가 되는 날에 거행하는 것이 원칙이다. 그러나 실제로는 부모의 직장과 하객의 참석 편의를 위해 성인식이 있는 안식일에 성인식을 치른다. 유대인에게 성인식은 지역사회의 축제이기도 하다. 이들은 성인식을 유대교 회당인 시나고그에서 진행한다. 성인식을 위한 율법 공부 덕분에 역사적으로 유대인에게는 문맹이 없었다. 이는 다른 이민족의 멸시와 함께 두려움의 대상이 되어 박해의 원인이 되기도 했다.

유대인 부모와 지역 주민 모두에게 자녀의 성인식은 종교적으로 의미가 매우 크다. 성인식을 통해 완전한 성인임을 사회적으로 인정해주기 때문이다. 또한 하나님의 율법인 《토라》를 부모의 도움 없이 종교적으로 해석할 수 있음을 대외적으로 선포하는 것이다. 할례가 유대인임을 몸에 객관적으로 표시하는 의식이라면, 성인식은 주관적으로 자신이 유대인이고 유대교를 신앙으로 받아들인다는 의식이다. 한편, 유대인 부모에게 성인식은 신의 선물인 자녀를 하나님으로부터 위탁받아 종교적으로 키운 다음 다시 신께 돌려주는 종교적 행위다.

종교적 독립을 위해 유대인 자녀는 성인식 때 두루마리 《토라》를 펼쳐 히브리어로 《토라》의 한 구절을 읽어야 한다. 자녀가 히브리어로 축복문을 낭송하면 부모는 이렇게 답한다.

"이 아이에 대한 책임을 면케 해주신 하나님을 찬송할지어다."

유대인 부모 스스로 자신의 자녀가 종교적으로 더 이상 부모에게 속하지 않으며, 독립했음을 인정한다. 부모의 회답이 있은 후 자녀는 율법의 내용 중 하나를 선택해서 강론 '드리샤Drasha'를 진행한다. 자녀는 이 드리샤를 준비하기 위해 보통 1년 동안 원고를 쓰고 다듬는다. 자녀가 강론을 마치면 랍비가 테필린을 자녀에게 수여한다. 이는 신명기 말씀에 따라 자녀가 평생 쉐마를 암송하고 실천하기 위함이다. 이로써 자녀는 비로소 이스라엘 총회의 회원이 된다.

테필린 수여가 있은 후 자녀는 부모와 성인식에 참여한 일가친척과 축하객으로부터 세 가지 선물을 받는다. 성경책, 손목시계, 축하금이다. 《성경》을 주는 이유는 종교적 독립을 의미한다. 시계를 주는 이유는 시간관리의 중요성 때문이다. 유대인은 자녀에게 시간은 돈으로도 사지 못하는 소중한 것임을 일깨워준다. 성인식 선물에는 유대인 부모의 개인적인 선물도 있다. 이 중 가장 보편적인 선물은 해외여행이다. 이들은 해외여행을 통해서 수많은 지혜를 쌓고, 경험할 수 있다고 믿기 때문이다.

축하금은 참여자의 신분과 재력에 따라 다르다. 유대인이 18이란 숫자를 특히 좋아하기 때문에 축하금으로 180달러가 많다고 한다. 그러나 부유한 중산층의 경우 금액은 이보다 훨씬 많을 것이다. 성인식 참석자가 200명일 경우 대략 4만 달러에서 10만 달러 이상의 축하금을 받는다. 이 축하금은 부모의 돈이 아니다. 모두 자녀의 돈이다. 유대인 부모는 축하금을 가지고 자녀 명의로 주식, 채권, 예금으로 나눠서 투자한다. 그리고 투자 금액은 지속적인 재무관리로 이들이 대학을 졸업할 즈음이 되면 우리나라 돈으로 수억 원 정도까지 불어난다. 그리고 이 자금은 훗날 자녀의 창업자금으로 사용된다.

유대인 자녀는 성인식이 있은 후 1년 동안 성인훈련을 받는다. 유대인에게 성인이란 온전하게 유대교를 지키며, 동시에 지역 사회 봉사에 참여하는 사람을 의미한다. 성인식을 치른 자녀는 매주 금요일과 토요일 예배에 참석해야 한다. 이 기간 동안에 지역 사회봉사 훈련을 받는데, 병원이나 양로원에서 환자나 노인들을 돌본다. 이를 통해 유대인은 자신이 직접 계약을 맺은 하나님을 어떻게 섬기며, 자신의 삶을 어떻게 살아가야 하는지 깨닫게 된다.

유대인의 성인식은 다른 나라에 비해 1~2년도 아니고, 무려 7~8년이 빠르다. 이처럼 유대인이 자녀의 성인식을 빨리 치르는 이유는 일찍부터 독립심을 키우기 위해서다. 종교적으로, 사회적으로 완전한 성인으로서 책임을 빨리 지게 함으로써 조기 독립을 위한 준비를 하는 것이다. 이른 성인식 덕분에 '유대인에게는 사춘기가 없다'라는 말도 있다. 중학생 나이에 이미 종교적, 사회적으로 책임을 다해야 하기 때문이다. 한국 아이들이 사춘기 또는 중2병을 겪는 것과 대조되는 현상이다.

유대인은 조기 성인식을 통해 경제적 독립과 창업을 위한 투자금을 마련한다. 종교적으로 독립해 하나님과 계약을 맺고, 종교적 해석과 책임을 지게 된다. 성인식 후 1년 동안의 훈련기간을 맞이해 지역 유대 사회에서 공동체 구성원으로 책임을 다하고, 지역 유대 사회 일원으로 각종 봉사로 단련한다. 히브리어로 강독을 준비하면서 '나는 누구인가? 나는 왜 유대교를 믿는가? 신은 누구이며, 신의 뜻은 무엇인가?' 등 끊임없는 질문을 통해 자신의 정체성을 확고히 해간다.

요즘 자녀를 늦게 낳아 자녀가 대학 졸업하기 전에 은퇴하는 가구가 늘어나고 있다. 자녀의 대학 교육을 위해서 부모가 장학금을 마련하지 못했다면, 정부가 지원하는 학자금을 이용한 자녀는 대학 졸업과 함께 수천만 원의 빚을 지고 사회에 나온다. 대학을 졸업해도 과거 부모 세대처럼 취직이 보장된 것도 아니다. 지금까지 어떤 세대보다 풍요롭게 자랐지만, 대학 졸업 후 나온 사회는 냉혹하다.

우리나라의 아이들은 성년의 날에 무엇을 할까? 흡사 고등학교 졸업식이 생각난다. 이들의 고민은 성인으로서 책임을 어떻게 감당하고, 독립을 어떻게 준비할까가 아니다. 성인이 됐다는 해방감으로 어른들이 할 수 있는 음주, 유흥업소 출입 등을 생각할 것이다. 입시 지옥을 끝내고, 성인으로 할 수 있는 것을 할 수 있다는 기대감으로 충만할 것이다.

유대인의 성인식을 벤치마킹해 자녀의 조기 독립을 준비해보자. 자녀와 의논해 가족이 인정하는 성인의 나이를 스스로 정해보자. 자녀가 성인의 의미를 파악하도록 하고, '가정 성인식' 이후 스스로 어떤 책임을 어떻게 지을 것인지 '성인식 약정서'를 마련해보자. 자녀가 스스로 두 발로 현실을 딛고 나아갈 수 있는 기회를 만들어보자. 자녀의 독립이 빨라지고, 자녀의 책임감이 늘어날 것이다.

후츠파 뻔뻔스러움 정신, 두려움 없이 질문하라

언제부터인가 우리 시대 청년은 가장 불우한 세대라는 인식이 팽배해졌다. 청년 관련 법안들이 줄을 잇고 있다. 중앙정부와 각 지자체에서 청년 지원을 위한 각종 사업들과 지원예산들도 늘어나고 있다. 어느새 청년은 각종 지원을 받는 수혜자가 됐다. 청년의 패기는 좀처럼 보이지 않는다. 공무원 시험 준비생공시생이 수십만 명에 이른다. 부모 또한 자녀가 교사나 공무원이 되어 연금 받으며 살기를 희망한다. 가장 선호하는 신부의 직업은 교사 또는 약사 등 전문면허가 있는 여성들이다. 세태라 부정할 수 없지만, 뭔가 잘못되어가고 있다는 씁쓸한 뒷맛이 영 개운치가 않다.

앞서 이스라엘은 창업국가라는 명성을 가지고 있다고 밝혔다. 이러한 국가적 명성은 어디에서 오는 걸까? 유대인 부모는 자녀에게 후츠파Chutzpah정신을 강조한다. 후츠파란 히브리어로 '철면피'

와 '뻔뻔스러움'을 의미한다. 이는 두려움 없이 당당하게 자신이 생각하는 것을 밀고 나가는 유대인의 정신을 의미한다. 어려서부터 유대인은 그 누구 앞에서도 당당하라고 가르친다. 이들에게 권위란 존재하지 않는 듯 보인다.

유대인의 후츠파 정신은 유대교 신앙의 핵심 정신인 평등사상과 밀접한 관련이 있다. 유대인의 평등사상에 따르면 하나님은 자신의 형상을 본떠 인간을 만드셨다. 이들은 하나님을 제외한 인간은 나이, 신분, 재산 등과 무관하게 평등하다고 믿는다. 심지어 가정 안에서 아버지는 아버지로서 권위를 갖지만, 아버지가 말하는 것이라고 해서 모두 맞는다고 생각하지 않는다. 이러한 가정교육은 학교, 기업 등 사회에 나가서도 동일하게 적용된다.

유대인이 가장 존경하는 직업은 랍비다. 하지만 회당에서 《토라》와 《탈무드》를 공부할 때, 랍비의 주장을 정면으로 반박하는 질문이 이어지곤 한다. 이러한 뻔뻔스러운 질문의 대상은 물론 학교 교사, 대학 교수도 예외가 아니다. 도전적 질문을 받은 랍비에게 "무슨 그런 질문을 하느냐? 그게 말이 되느냐?"라는 면박은 있을 수 없다. 질문자와 동등한 위치에서 답변을 할 뿐이다. 답변이 막히면 더 공부해서 나중에 답변해준다.

후츠파 정신은 권위 있는 누군가를 당혹스럽게 할 수도 있다. 당연한 명제에 대해 의심하고, 의심에서 끝나지 않고 묻고 따지는 정신, 이것이 바로 유대인의 후츠파 정신이다. 이러한 후츠파 정신으로 무장된 유대인 자녀는 그야말로 '담대한 질문'을 서슴없이 한다. 모두가 명제로 받아들이는 당연한 원리도 이들에게는 의심의 대상이 된다. 한 가지 흥미로운 것은 담대한 질문이 있다고 해서 질문 받은 사람의 권위와 존경을 의심하지 않는다. 유대인은 오히려 이러한 담대한 질문은 학문적으로, 종교적으로 한 단계 더 성숙할 수 있는 기회라고 생각하기 때문이다.

이처럼 유대인의 후츠파 정신을 기른 자녀는 훗날 성장해 자연스럽게 창업을 한다. 회사 조직의 일원이 되거나 사회에 순응적인 사람이 되기보다 자신이 가졌던 의문에서 아이디어를 얻어 창업의 길을 걷는다. 자신이 태어날 때, 초등학교 입학할 때, 벌어놓은 용돈, 그리고 성인식 때 받은 축하금과 재무관리를 통해 만든 자산은 부모의 도움 없이 창업할 수 있는 훌륭한 창업자금이 된다.

또한 후츠파 정신은 훗날 훌륭한 창업의 밑거름이 된다. 기존 질서 또는 고정관념에서 벗어난 자유로운 발상, 즉 역발상이 새로운 사업 기회를 열어주기 때문이다. 주머니 속 휴대용 프린터가 대표적인 예다. 보통의 프린터는 종이를 넣으면 인쇄가 되어 나오지만, 휴대용 프린터는 프린터가 종이 위를 움직이며 인쇄한다. 프린터가 굳이 크고 무거울 필요가 없게 된 것이다. 인쇄는 반드시 크고 무거운 기계에서 이뤄져야 한다는 생각을 정면으로 부정해 만든 사업 아이템이다.

또 다른 사례도 있다. 전기자동차에 관한 것이다. 새로운 자동차 산업인 전기자동차의 문제는 긴 충전시간이었다. 사람들은 충전시간을 줄이면서 동시에 오래 차를 주행할 수 있는 충전지의 효율화 연구와 산업화에 박차를 가했다. 그러나 유대인은 달랐다. 충전지 효능을 늘리지 않으면서도 전기자동차 보급을 늘리는 역발상을 고민한 것이다. 이들은 기존의 충전지 '일체형' 전기자동차와 달리 충전기 '교체형' 전기자동차를 새롭게 개발해낸다. 기존의 권위를 무시하고, 뻔뻔하게 도전하는 후츠파 정신의 산물이다.

한국과 이스라엘을 보면 비슷한 점이 한두 가지가 아니다. 투비아 이스라엘리Tuvia Isreli 주한 이스라엘 대사는 한국과 이스라엘의 비슷한 점에 대해 이렇게 말했다.

"한국과 이스라엘의 현대사는 매우 비슷합니다. 두 나라 모두 우여곡절 끝에 1948년 건국을 하지만, 곧바로 전쟁이 일어나면서 많은 희생을 치렀어요. 이후 한국은 새마을운동을 통해 '한강의 기적'을 일궜고, 이스라엘은 키부츠Kibbutz 집단생활 공동체를 통해 경제성장의 토대를 닦았습니다."

두 나라의 공통점이 이뿐이랴? 두 나라 모두 자원이 부족해 인적 자원이 가장 큰 국가 자산이다. 자녀에 대한 교육열도 세계에서 둘째가라면 서럽다. 한국은 남북이 대치하고 있으며, 이스라엘은 3억 명의 아랍국들과 늘 긴장 관계를 유지하고 있다.

한국형 후츠파 정신은 가능할까? 환경이 녹록지 않은 것이 사실이다. 먼저 가정에서 아빠와 엄마는 그 이름만으로 권위를 갖기를 원한다. 자녀에게 명령조로 말한다. 당연한 것을 왜 그러냐고 질문하면, "그게 질문이야? 제대로 된 질문을 해야지?" 하고 핀잔하기 일쑤다. 학교에 가면 어떤가? 선생님은 선생님의 권위를 내세운다. 사회에 나가면 어른이라는 권위를 내세운다. 권위에 대한 도전이 사실상 쉽지 않다. 권위에 대한 도전적인 질문을 한다고 해서 권위가 무너지는 것은 아니다. 이것은 질문을 받는 사람의 착각이다. 후츠파 정신이 한국에 뿌리내리기 위해서는 자녀에게 후츠파 정신이 담긴 질문을 요구하기에 앞서 부모, 선생님, 교수님 그리고 어른들이 스스로 뻔뻔스러운 질문을 받을 준비가 되어 있어야 한다.

이뿐만이 아니다. 중산층 한국 부모들이 자녀 교과 및 예체능 사교육비에 들이는 돈은 1인당 월 100만 원, 연간 1,200만 원 정도다. 이를 초중고 12년 동안 주식, 채권, 장기저축 등 유대인 자녀가 하는 자산관리기법으로 관리해보자. 이스라엘 청년 대학졸업자가 만지는 창업자금 못지않을 것이다. 다만 자녀에게 주식, 채권, 장기저축 등 자산관리를 함께해줄 부모가 과연 몇 명이나 있을까? 맞벌이 부부에게 아이 미래 창업을 위해 학원 말고 아이를 집에 놓아둘 강심장 부모가 몇 명이나 있을까? 결국 부모가 자산관리 능력을 키워야 하고, 자녀의 학원비를 모아 창업자금으로 쓰겠다는 강심장의 소유자가 되어야 한다.

그럼에도 불구하고 자녀의 잠든 후츠파 정신을 깨워 패기 있는 자녀로 키워보자. 의미 있는 질문이든, 엉뚱한 질문이든 자녀의 당연한 이치에 대한 의문에 면박을 주지 말자. 격려하고 정말 왜 그런지 함께 찾아보자. 아이는 부모의 요구에 가끔 "제가 왜 해야 해요?"라고 부모를 당혹스럽게 한다. 너무 당연히 해야 하는 것인데, 왜 해야 하냐고 물으면, 부모는 말문이 막히곤 한다. 당황하지 말고 차분히 대응하자.

아이의 질문은 부모인 나의 권위를 무너뜨릴 의도가 전혀 없다. 또한 설사 당황해서 질문에 답을 못한다고 해서 부모의 권위가 무너지는 것은 아니다. 부모 세대는 후츠파를 몰랐지만, 자녀만은 알게 하자. 부모는 후츠파 정신의 질문을 못했지만, 자녀는 할 수 있는 자유를 주자. 이것이 후츠파 정신의 시작점이다. 이것이 한국에서 노벨상 후보자를 키우는 첫걸음임을 잊지 말자.

한국형 후츠파 정신을 만들어보자. 한국은 이스라엘과 비슷한 환경과 비슷한 역사를 가지고 있지만, 두 나라는 여전히 많이 다르다. 다름을 인정하자. 그렇다고 후츠파 정신을 포기하라는 말이 아니다. 한국에 맞는 한국형 후츠파 정신과 문화를 만들어야 한다. 후츠파 정신과 문화 없이 개인 역량만으로 노벨상 수상자를 배출하겠다는 생각은 매우 근시안적이다. 자원 부족국가인 한국에서 자녀를 창의적 정신과 도전정신으로 무장시키자. 노벨상 수상자 배출의 시점이 앞당겨질 것이다.

바세트와 비추이스트,
역경을 딛고 성공하라

누구나 시련은 있다. 또한 실패도 한다. 시련과 실패는 강심장인 사람도 약하게 바꿔 놓는다. 이럴 때 위로하는 말이 있다. 인생만사 새옹지마! 뭔가 안 좋은 일이 닥칠 때 나쁜 것이 반드시 나쁜 것만은 아니란 뜻이다. 나쁜 일이 좋은 일이 되기도 하고, 좋은 일은 나중에 화가 되기도 한다. 한마디로 일희일비하지 말라는 격언이다.

유대인은 실패와 시련을 어떻게 받아들일까? 이들은 실패와 시련을 극복하는 어떤 지혜를 가지고 있을까? 어려운 일이 닥치면, 유대인 엄마는 '바세트'를 주문처럼 외운다. 바세트란 '이는 하늘의 뜻이다. 삶은 언제나 힘든 일 뒤에 즐거움이 찾아온다'를 의미한다. 유대인은 어려움을 회피하지 않고, 신의 뜻으로 인정하는 것이다. 그러나 신의 뜻을 인정하는 데 그치지 않는다. 이들은 신이 힘든 일과 함께 즐거운 일도 반드시 함께 준다고 믿는다. 유대인은 이러한 믿음과 인내심으로 어려움을 극복해 나간다.

은행가이자 거부였던 로스가 도움을 요청한 청년에게 답신한 편지에 다음과 같은 이야기가 있다.

"드넓은 바다에 다양한 물고기가 살고 있었습니다. 상어를 제외한 모든 물고기는 부레가 있습니다. 부레가 없는 상어는 원래 물속에서 생존할 수 없었을 겁니다. 왜냐하면 조금만 바닷속에 머물러 있어도 바닥으로 가라앉아 죽을 테니까요. 살기 위해 상어는 강인한 인내력을 갖고 쉼 없이 움직여야 했습니다. 상어가 살아남기 위해 얼마나 많은 고통을 이겨냈는지, 얼마나 많은 노력을 했는지 우리는 상상하기 어렵습니다. 상어는 태어난 순간부터 죽을 때까지 끊임없이 몸을 움직여야 했습니다. 다른 물고기들은 부레가 있다는 것에 매우 감사해야 했을 겁니다. 하지만 오랜 시간이 흐르자 상어는 강한 체력을 갖게 됐고, 가장 용맹한 물고기가 됐습니다. 이렇게 힘겨운 노력 덕분에 상어는 바다의 절대 제왕이 될 수 있었던 것입니다."

청년은 로스의 부레 없는 상어 이야기 편지를 읽고 로스의 도움을 받겠다는 자신의 생각을 즉시 버린다. 그는 자신이 할 수 있는 모든 일에 최선을 다했고 성공해 결국 거부가 됐다. 또한 그는 훗날 로스의 딸을 아내로 맞이한다. 유대인은 자녀에게 이처럼 역경이 닥치면 인내심을 가지고 노력해 마침내 역경을 딛고 일어서도록 가르친다.

인내심을 통한 역경 극복과 관계되는 중요한 다른 단어가 있다. 바로 '비추이스트Bitzuist'다. 비추이스트란 '진취적인 행동주의자로 목표한 것을 반드시 이루는 사람'을 의미한다. 유대인은 자녀에게 실패를 두려워하지 말고, 오히려 실패를 딛고 일어서 목표를 이루는 비추이스트 정신을 가르친다. USB 메모리 발명이 대표적 사례다. 어느 순간 보편화된 USB 메모리의 발명 뒤에는 이스라엘 벤처 사업가 도브 모란Dov Moran의 비추이스트 정신이 숨어 있다.

벤처 사업가 도브 모란은 뉴욕의 한 컨퍼런스에서 발제를 하기로 되어 있었다. 그런데 컨퍼런스 당일에 그의 노트북에 문제가 생겼고, 그는 결국 컨퍼런스에서 발표하지 못했다. 도브 모란은 자신의 실패 경험에서 노트북을 휴대하지 않고도 발표할 수 있는 휴대용 메모리인 USB 메모리에 대한 아이디어를 착안했다. 이후 그는 여러 시도를 통해 마침내 언제든지 휴대해 저장하고, 자료를 출력 또는 발표할 수 있는 지금의 USB 메모리를 개발했다. 도브 모란은 자신의 실패에서 배움을 얻어 포기하지 않고 역경을 극복해 마침내 승리하는 비추이스트 정신을 실현하게 된다.

유대인 가운데 역경을 딛고, 마침내 성공을 이루는 사례는 수도 없이 많다. 아마존의 설립자이자 세계적인 거부인 제프 베조스Jeff Bezos는 아마존의 성공신화에 대해 실패의 경험을 강조했다. 그는 아마존을 지금까지 성장시키는 과정에서 수십억 달러의 실패를 수도 없이 경험했다. 그러나 그는 이러한 실패에 멈추지 않고, 더 혁신해 오늘의 아마존을 만들었다. 제프 베조스의 비추이스트 정신을 엿볼 수 있는 대목이다.

유대인 부모는 자녀에게 비추이스트 정신을 가르치기 위해 일부러 역경을 경험하게 한다. 한마디로 '좌절교육법'이다. 이들은 역경과 시련은 삶의 한 부분이며, 이를 회피하는 것은 삶을 포기하는 것과 다르지 않다고 가르친다. 《탈무드》에는 이런 말이 있다.

"실패만큼 훌륭한 교사는 없다."

희망을 잃지 않으면 실패야말로 인생 최고의 기회가 되기 때문이다. 유대인 부모는 자녀가 인생에서 성공보다 실패가 더 많다는 것을 잊지 않도록 가르친다. 이들은 실패가 실패로 끝나지 않고, 실패의 끝에 반드시 성공이라는 희망이 기다리고 있다고 믿기 때문이다. 랍비 마빈 토케이어는 이렇게 말했다.

"아무리 절망스럽고 좌절의 순간에도 우리 눈앞에는 언제나 희망의 끈이 내려져 있다. 절대 굴복하거나 포기하지 않겠다는 신념과 자신에 대한 절대적인 믿음만 있다면, 새로운 영역에서 선구자로 우뚝 설 수 있다."

그는 또 이런 말도 했다.

"무슨 일이든 쉽게 포기해서는 안 된다. 인생은 변화무쌍하며, 얼마든지 무궁무진한 다양한 가능성을 내포하고 있다."

유대인의 격언에 "성공의 절반은 인내심이다"라는 말이 있다. 이들은 인내심 없이 성공할 수 없다고 생각한다. 유대인은 조상의 좌절과 고난을 기념하는 것으로 유명하다. 이들의 달력에는 이러한 기념일이 30일도 넘는다. 대표적인 기념일이 이집트의 노예 생활을 탈출한 유월절이다. 유월절은 히브리어로 '페사흐Pessah'라고 불린다. 하나님이 이집트의 첫째 자녀를 모두 죽이는 재앙을 내릴 때 유대인의 자녀는 죽이지 않고 넘어갔기 때문이다. 사실 유월절은 유대인의 장자들이 살아남고 출애굽한 어쩌면 기쁜 날이다. 그러나 유대인은 이집트에서의 노예 생활이라는 고통을 기억하기 위해 유월절을 기념한다. 이들은 조상의 고통스러운 경험을 기억하고 잊지 않기 위해 쓰디쓴 나물을 먹는다. 이처럼 유대인은 자녀와 함께 조상이 겪은 고난의 날들을 기억하며, 실패를 이겨내고 더 단단해지려고 노력한다.

르네상스 미술의 거장인 미켈란젤로Michelangelo는 로마 바티칸의 성 베드로 성당의 건축물을 완성하는 책임을 맡게 된다. 그는 자신의 삶이 끝나는 순간까지 성 베드로 성당의 마무리에 최선을 다했다. 성 베드로 성당은 그가 죽음에 이르기까지 완성되지 못했는데, 이때 그는 이런 말을 남겼다.

"이 단계에서 공사를 그만두는 것은 지난 10년 동안 내가 하나님의 사랑을 위해 바친 모든 노력을 물거품으로 만드는 부끄러운 일이다."

그는 죽는 순간까지 성 베드로 성당의 완성을 포기하지 않았다. 그가 헌신한 결과, 성 베드로 성당은 세계적으로 성공한 건축물로 지금까지 찬사를 받고 있다.

유대인의 역경 교육, 좌절 교육으로 자녀의 성공 비밀인 인내심을 키워보자. 요즘 물질적 풍요로 자녀에게 인내심을 가르치는 환경이 점점 더 어려워지고 있다. 아이들이 온실 속 화초처럼 자라고 있다. 단단하지 못하고, 작은 시련에도 넘어지고 포기하려는 모습이 보인다. 그러나 많은 경우 아이는 부모가 걱정하는 만큼 약하지 않다. 아이들이 시련을 경험하고, 즐기며, 극복할 기회가 없었던 것이다. 자녀에게 부모와 떨어져 캠프 등 체험을 할 수 있는 기회의 선물을 선사해보자. 모험 정신으로 시련을 즐기고, 더 큰 시련의 파도를 기다리며, 당당히 맞설 용기 있는 아이로 만들어보자.

자녀의 비추이스트 정신을 깨워보자. 아이들은 우리가 생각하는 이상으로 무궁한 잠재력이 있다. 자녀가 스스로 목표를 설정하고, 인내심을 가지고 끝까지 시련을 딛고 일어설 수 있도록 부모는 열렬한 서포터즈가 되자. 아이와 목표를 정해 스스로 서약서를 쓰게 해보자. 아이가 좌절할 때마다 실패와 좌절은 성공으로 가는 필수 과정임을 기억하게 하자. 아이가 목표를 포기할지, 멈추지 않고 목표를 향해 한 걸음 나아갈지는 오로지 아이의 몫이다. 부모의 역할은 아이가 쓰러졌을 때 다시 일어날 수 있도록 함께 있어 주고, 격려하는 것이다.

CHAPTER 7

성공 교육, 자녀의 경제력을 키우다

유대인은 자녀에게 매사 유연한 사고를 하도록 가르친다. 남과 다르게 생각해야 성공의 기회가 오기 때문이다. 이들은 고정관념에서 벗어나는 생각, 역발상을 강조한다. 유대인 격언에 '문은 열쇠로만 여는 것이 아니다'라는 말이 있다. 보통 사람은 자물쇠로 잠긴 문을 여는 방법은 열쇠로 여는 한 가지만 있다고 생각한다. 그러나 유대인은 열쇠는 하나지만 문을 여는 방법은 여러 가지가 있다고 가르친다. '자물쇠를 여는 방법은 하나'라는 고정관념이 '문을 여는 방법도 하나'라고 생각하는 것이다.

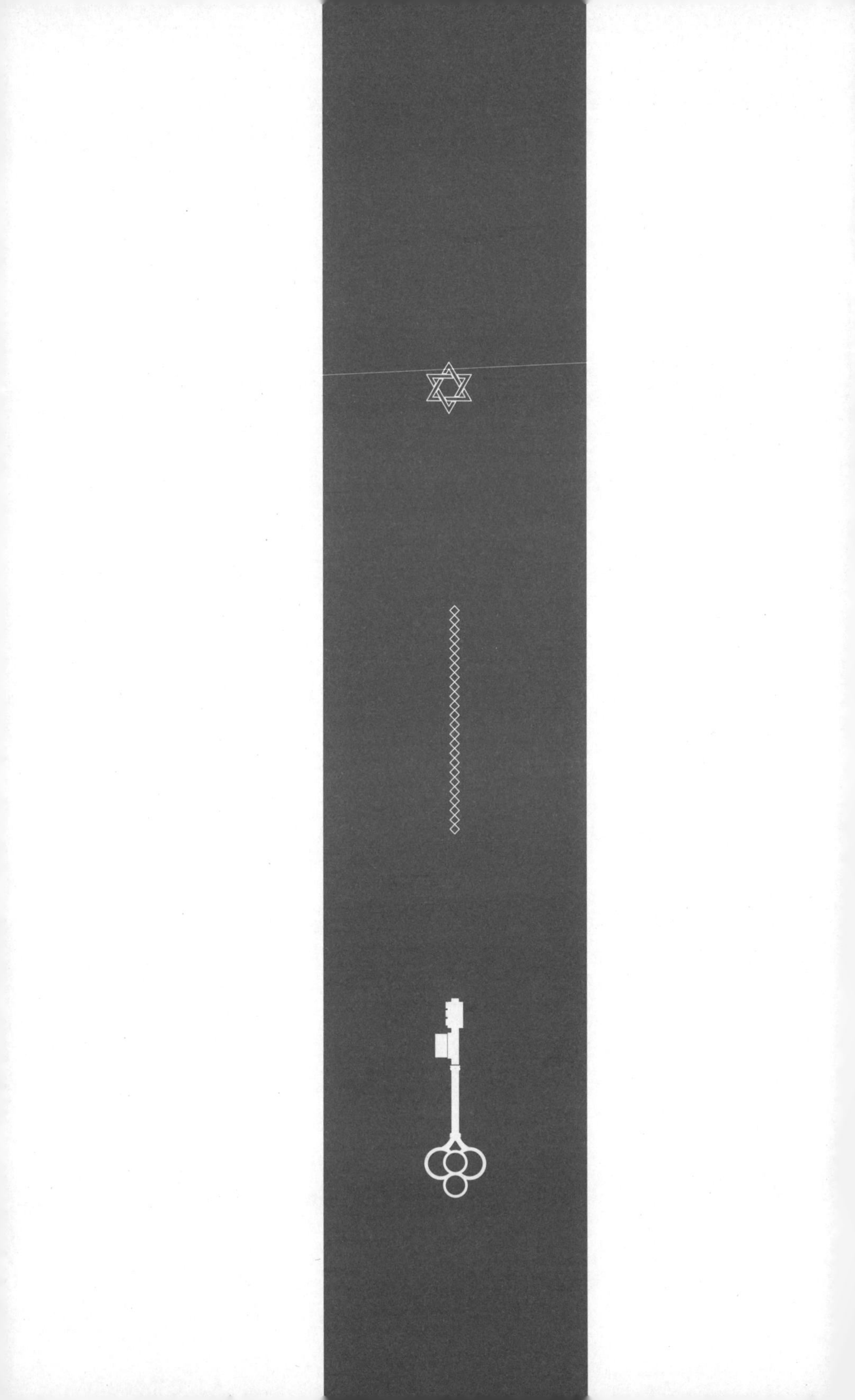

역발상, 부자가 되는 길은 하나가 아니다

누구나 고정관념을 가지고 있다. 부모도 예외는 아니다. 그러나 자녀에 대한 부모의 고정관념은 특히 문제가 된다. 부모의 고정관념이 자녀에게 엄청난 영향을 미칠 수 있기 때문이다.

"여자아이인데 좀 얌전하게 놀면 안 되니?"
"남자인데, 울면 안 되지! 울지 마!"

성역할에 대한 고정관념은 흔한 편이다. 자녀가 남들 앞에서 나서 이야기를 꺼리면, '이 아이는 내성적인 아이니까 연구직 등 혼자 하는 일이 낫지 않을까?' 하며 자녀 진로를 스스로 결정해버리기도 한다.

스탠포드 대학교에서는 고정관념에 대한 실험을 한 적이 있다.

성적이 비슷한 남녀 학생들에게 수학 문제를 풀게 했다. 학생들에게 시험 문제를 풀기 직전에 "이 실험은 남녀 사이에 수학적 능력에 차이가 있는지를 확인하기 위해 실시하는 것입니다"라고 고정관념을 제시했다. 놀랍게도 시험 결과 여학생이 남학생보다 훨씬 점수가 낮았다. 여성이 남성에 비해 수학문제를 잘 못 푼다는 고정관념이 영향을 미친 것이다. 이 실험은 고정관념을 갖게 되면 뇌에 부정적인 영향을 주어 행동하게 된다는 것을 입증했다. 이처럼 부모가 고정관념을 가지면 자녀는 고정관념에 영향을 받아 행동할 수밖에 없다. 그리고 고정관념은 대체로 부정적인 경우가 많다는 것이 문제다.

사람의 고정관념은 잘 변하지 않는다. 고정관념이 있는 사람은 어떤 사안을 볼 때 그 내면의 복잡한 상황과 배경을 이해하려고 하기보다는 단순화시킨다. 유대인은 자녀에게 매사 유연한 사고를 하도록 가르친다. 남과 다르게 생각해야 성공의 기회가 오기 때문이다. 이들은 고정관념에서 벗어나는 생각, 역발상을 강조한다. 유대인 격언에 '문은 열쇠로만 여는 것이 아니다'라는 말이 있다. 보통 사람은 자물쇠로 잠긴 문을 여는 방법은 열쇠로 여는 한 가지만 있다고 생각한다. 그러나 유대인은 열쇠는 하나지만 문을 여는 방법은 여러 가지가 있다고 가르친다. '자물쇠를 여는 방법은 하나'라는 고정관념이 '문을 여는 방법도 하나'라고 생각하는 것이다.

유대인 사이에 유명한 문 열기 우화가 있다. 한 아버지가 두 아들에게 각각 열쇠와 말 한 필을 주고 멀리 보낸다. 아버지는 먼저 와서 문을 연 아들에게 모든 재산을 주겠다고 약속한다. 형이 자물쇠를 열쇠로 열려고 하는 사이에 동생은 돌로 자물쇠를 부수고 문을 연다. 마침내 동생이 먼저 문을 열어 모든 재산은 동생이 차지하게 된다. 동생은 자물쇠는 열쇠로만 열어야 한다는 고정관념을 깨고, 돌로 자물쇠를 부수고 문을 먼저 열어 부를 거머쥘 수 있었다.

강철왕 카네기Carnegie의 고정관념 깨기에 대한 일화도 있다. 카네기는 직원 채용시험에서 포장물건의 끈 풀기 시험문제를 냈다. 그는 끈의 매듭을 풀어서 푼 응시자는 불합격시키고, 고정관념을 깨고 칼로 단번에 자른 응시자를 합격시켰다. 카네기는 일반 사람들과 다른 방법으로 문제를 해결하려는 사람, 즉 유연한 사고가 가능한 응시자를 선택했다. 유연한 사고로 성공을 직접 체득한 그가 유연하게 생각하는 응시자를 합격시킨 것은 당연한 결과다.

고정관념을 깨어 사업에 성공한 사례로 애플을 빼놓을 수 없다. 애플은 휴대폰을 제조하지만, 자체 생산공장이 없다. 애플은 모든 제품을 외주 생산하기 때문이다. 이 같은 역발상이 오늘날 애플의 성공 신화를 이끌었다. 또 다른 역발상도 있다. MP3 플레이어 제조업체가 단순한 기능 개발이나 기능 추가에 관심을 가질 때 애플은 다르게 생각했다. 애플은 '소비자가 진짜 바라는 것은 원하는 음악을 바로 듣는 것'에 착안해 '아이튠즈iTunes'를 만들었고, 아이튠즈는 아이폰 개발 성공으로 이어졌다. 애플이 가장 중요하게 생각하는 정신은 바로 '다르게 생각하라Think different'다.

워크맨을 만든 소니, 콘택트렌즈 업체 바슈롬, 왜건 차량의 최정상인 GM과 포드, 이들의 공통점은 시대 변화의 흐름을 읽지 못하고, '변하지 않는 전략'을 고수하다가 마침내 정상에서 밀려난 회사들이다. 이처럼 고정관념을 답습하면 기업은 사업의 기회를 잃고, 어느 순간 시장에서 퇴출된다. 빠르게 변화하는 세상에서 유연한 생각, 역발상은 이제 기업의 생존과도 직결된다.

노벨상을 이례적으로 두 번이나 받은 퀴리Curie부인은 이런 말을 한 적이 있다.

"강자는 기회를 만들고, 약자는 기회를 기다린다."

성공의 기회는 저절로 만들어지지 않는다. 창의적인 생각으로 성공을 위한 기회를 만들어야 한다. 유대인만큼 유연한 생각으로 성공의 기회를 포착하는 데 능한 민족도 드물다. 이들은 규칙이나 고정관념으로 스스로를 가두지 않는다. 융통성 있는 사고로 성공의 기회를 호시탐탐 노린다.

책 카피로 큰돈을 번 유대인의 일화도 유명하다. 케일리는 출판 재고가 심각한 가운데 대통령에게 책을 증정하고, 소감을 받을 기회를 얻게 된다. 책을 받은 대통령은 "좋군요"라고 간단히 말했다. 그는 대통령의 반응을 '대통령도 애독한 책, 절찬리 판매 중'이라고 광고했다. 광고는 적중했고, 재고 서적을 모두 팔 수 있었다. 케일리는 새 책을 출간해 대통령에게 전달했다. 대통령은 "이 책은 전혀 재미가 없군요"라고 답했다. 그가 두 번째 만든 카피는 '대통령도 싫어 하는 책, 절찬리 판매 중'이었다. 두 번째 신간 역시 모두 팔렸다. 케일리가 세 번째 대통령을 방문했을 때 대통령은 침묵으로 일관했다. 케일리의 세 번째 카피는 '대통령도 결론을 내기 어려운 책, 구매하려면 서두르세요'였다. 광고 결과는 역시 대박이었다.

인간 행동의 대부분은 습관이라고 한다. 새롭게 생각하기가 쉽지 않음을 의미한다. 상식적으로만 생각하면 문제를 해결하는 방법은 제한될 수밖에 없다. 남과 다른 생각, 역발상을 해야 새로운 방법이 보이고, 지금까지 없었던 기회가 열리는 것이다. 혹자는 지금의 시대를 '근익빈, 창익부'라고 표현한다. 근면하면 가난해지고, 창조적이어야 부자가 된다는 뜻이다. 혁신적인 아이디어 하나만으로 부를 창출하는 시대가 됐기 때문이다. 유연한 사고는 이제 창의적 시대의 생존에 필수품이다.

고정관념은 선천적일까? 아니면 후천적일까? 심리학자들은 고정관념이 선천적이지 않고, 학습에 의한 후천적 결과물이라고 한다. 어떤 전문가는 학습된 사회 관념에 대한 맹목적인 믿음 때문이라고도 한다. 또 다른 전문가는 교육이나 미디어를 통해 만들어진다고 주장한다. 고정관념의 원인이 후천적인 만큼 고정관념은 또 다른 학습 또는 의미화 과정을 통해 바뀔 수 있다. 고정관념과 유사하지만, 다른 개념으로 '편견'이 있다. 편견의 사전적 의미는 공정하지 못하고, 한쪽으로 치우친 생각을 의미한다. 어떤 무리에

속한 사람들의 태도를 이야기할 때 인지적인 측면을 강조한 것이 고정관념이고, 감정적 측면을 표현하면 편견이다.

자녀에게 고정관념을 물려주지 말자. 자녀와 고정관념에 대해 이야기를 나눠보자. 서로의 고정관념 찾기 놀이도 시도해볼 수 있다. 자녀의 지적에 불쾌해하지 말고, 차분하게 대응하자. 고정관념 리스트를 함께 만들어 잘 보이는 곳에 붙여 보자. 아이와 함께 일상생활에서 부모의 고정관념에 기초한 말, 행동을 찾아내고, 고칠 때마다 아이에게 보상을 해주자.

대신 자녀가 유연하게 사고할 수 있는 기회를 만들어주자. 부모가 시대의 변화 흐름을 먼저 간파하자. 근면하게 일하면 성공한다는 고정관념은 깨지고 있다. 다르게 생각해야 살아남고, 창의적으로 생각하고 행동해야 하는 시대다. 자녀의 두뇌를 말랑말랑하게 하자. 자녀가 혁신의 시대, 창의적인 시대에 성공을 이끄는 주인공이 되도록 하자. 남과 다르게 생각하기, 남과 다르게 시도해보기, 이것이 미래 시대 성공의 아이콘이다.

거인의 어깨를 빌리는 지혜를 길러라

누군가가 친구와 동업한다고 하면 사람들이 흔히 하는 말이 있다.

"친구랑 동업하지 마라. 흥해도 문제고, 망해도 문제야. 믿을 사람은 가족밖에 없어."

어른들이 하는 말이지만, 살면서 고개를 끄덕이게 되는 대목이다. 동업을 하는 과정에서 서로 상대방보다 일을 더 많이 한다고 여기고, 보상은 더 적게 받는다고 생각한다. 이뿐만 아니다. 동업이 깨지면 상대가 기술, 고객, 경영 노하우 등을 가지고 나가 배신했다고 생각한다. 누군가와 믿고 뭔가를 같이하기가 어렵다는 뜻이다. 한국인만의 특성인가? 다른 나라 사람들도 모두 같은 생각일까?

사업을 할 때 가족을 가장 먼저 끌어들이는 것은 동서고금을 막론하고 공통된다. 피를 나눈 가족만큼 믿고 함께 일할 사람이 없기 때문이다. 유대인도 예외는 아니다. 그러나 유대인은 조금 다른 면이 있다. 유대인들은 타인의 힘과 능력을 이용하고, 자신의 힘과 능력만으로 사업을 하지 않는다. 이들은 단독으로 사업하는 것이 비현실적이며, 어리석다고 생각한다. 유대인은 성공하는 사람들은 자신의 능력에만 의존하지 않고, 다른 사람의 능력을 이용할 줄 안다고 믿는다. 이들에게 동업은 금기의 대상이 아니라, 유능한 능력을 활용해서 자기 사업을 성공시키는 방법이다.

유대인은 자녀에게 자주 이야기하곤 한다.

"성공이란 자기 능력이 얼마나 뛰어난지를 보여주는 것이 아니라, 타인의 능력을 가져다 쓰는 능력이 얼마나 탁월한지를 보여주는 것이다."

이들은 유능한 인재, 즉 거인의 어깨 위에 올라타라고 이야기한다. 성공학으로 유명한 오리슨 스웨트 마든Orison Swett Marden은 이런 말을 했다.

"사회에 진출하는 젊은이는 모든 대인관계를 맺어서 서로 부탁하고, 도울 수 있어야 한다. 만약 자신의 힘에만 의지해 독불장군처럼 처신한다면 발전을 기대하기 어렵다."

세계 최고의 갑부를 오랫동안 유지해온 빌 게이츠에게 그 비결이 뭐냐고 묻자 그는 이렇게 대답했다.

"저보다 더 똑똑한 사람을 모셔왔기 때문입니다."

자신보다 유능한 그 분야 최고의 인재를 뽑아서 유능한 능력을 이용해 자신의 사업에 활용한 것이 바로 유대인의 사업 성공의 비결이다. 유대인은 거인의 어깨를 빌릴 때 두 가지를 주의한다. 먼저 영향력이 있는 사람을 발굴해 친분을 쌓는다. 평소 유심히 관찰해 자신의 기준에 부합한 인물인지 확인한다. 적임자라고 생각되면, 어떤 일이 있어도 친구로 만든다. 친구가 되기 위해 먼저 베푸는 것이 우선이다. 일단 친구가 되면 무리하지 않는 선에서 적극적으로 도움을 요청한다.

유대인은 능력자를 자신의 위협이나 위험 요인으로 보지 않는가? 유대인은 이 같은 생각에 어떻게 반응할까? 유대인은 경쟁을 두려워하지 않는다. 이들은 경쟁자도 두려워하지 않는다. 오히려 경쟁자도 친구가 될 수 있다고 생각한다. 왜냐하면 경쟁자의 능력을 활용하면 되기 때문이다. 유대인은 경쟁 또는 경쟁자를 두려워하는 것은 편협한 사고라고 생각한다. 이들은 경쟁을 통해 자신을 향상시킬 수 있고, 더 큰 사업을 일굴 수 있다고 믿는다. 이처럼 유대인에게 동업은 금기의 대상이 아니다.

유대인 사업가 중 거인의 어깨 위에 올라타 사업에 성공한 사례는 한둘이 아니다. '현대판 징기스칸', '세계에서 인구가 가장 많은 나라'라고 일컬어지는 페이스북의 창립자 마크 저커버그는 2008년에 구글 출신이자 유대인인 셰릴 샌드버그를 최고 운영책임자로 영입한다. 이후 페이북은 안정된 수익구조로 한층 더 경영을 단단하게 만들었다. 저커버그는 당대의 최고 운영책임자의 능력을 활용한 것이다.

만화계의 두 영웅, 잭 커비Jack Kirby와 스탠 리Stan Lee는 각각 오스트리아와 루마니아 출신 아슈케나지 유대인이다. 이들은 동업해 서로의 능력을 이용해 평범한 만화잡지사 '마블'을 세계적인 영화사 '마블 유니버스'로 재탄생시켰다. 또한 두 유대인, 스티브 잡스Steve Jobs와 스티브 워즈니악Steve Wozniak은 오늘날 세계적인 기업 애플을 공동으로 창업했다. 스티브 잡스는 컴퓨터에 관한 한 천재성 있는 워즈니악과 공동창업을 통해 워즈니악의 능력을 활용했다. 그는 대중의 마음을 읽고, 시대의 흐름을 간파하는 천재 마케터이자 아이폰의 창시자로 지금까지 명성을 얻고 있다.

2019년, 실리콘밸리의 여자 친구 차고에서 구글을 창업한 지 21년 만에 구글의 공동설립자 래리 페이지Larry Page와 세르게이 브린Sergey Brin은 구글 블로그에 자신들의 '은퇴 의사'를 이렇게 밝혔다.

"구글이 사람이라면 이제는 안식처를 떠나야 할 21살 젊은이다. 장기간 구글 경영에 깊이 관여해온 것은 대단한 특권이었다. 지금은 허구한 날 잔소리하기보다는 사랑과 충고를 주는 자랑스러운 부모 역할을 해야 할 때다."

두 사람은 역시 유대인이고, 동업을 통해 마침내 오늘날 꺼지지 않는 '실리콘밸리의 신화'를 이룩한 주인공이다. 이처럼 유대인은 남의 능력, 즉 거인의 어깨 위에 오르는 지혜를 가지고 있다. 자신의 성공에 대한 겸손함의 표현일 수도 있다. 그러나 이보다는 더 큰 성과를 위해서는 타인의 능력을 활용하는 것이 중요함을 의미한다. 과학혁명의 역사를 바꾼 유대인 과학자 아이작 뉴턴Isaac Newton은 만유인력의 법칙 발견을 기뻐하며 이런 말을 했다.

"내가 다른 사람보다 더 멀리 볼 수 있었던 것은 거인의 어깨 위에 서 있었기 때문이다."

거인의 어깨를 빌려 그 위에서 시작한다면, 같은 조건의 다른 사람보다 훨씬 경쟁 우위에 있을 것이다. 성공까지 다다르는 데 훨씬 쉽고, 빠르기 때문이다. 거인의 어깨 위에 올라서기는 꼭 대단한 발명이나 첨단 사업에만 적용되는 것이 아니라, 일상에서도 충분히 필요한 전략이다. 거인의 어깨 위에 올라서기 위해서는 먼저 거인을 찾아야 한다. 우리 사회에는 각 분야에 거인들이 있다. 꼭 유명하지는 않더라도 해당 분야 고수들이 한둘이 아니다. 이러한 거인의 지식, 정보, 지혜를 이용하면, 시간과 돈을 절약할 수 있다. 거인의 어깨 위에 올라서기는 결국 돈을 벌고, 부를 쌓는 지름길이다.

이제 스스로 무엇이든지 할 수 있고, 해내겠다는 생각을 바꿔

보자. 거인의 어깨 위에 올라서 보자. 부자가 되길 원하는가? 그렇다면 이미 부자가 된 사람에 대해 연구하라. 피트니스로 조각 같은 몸매를 원하는가? 미스터 코리아 우승자들이 어떻게 자신의 몸을 조각으로 만들었는지 그 비밀을 알려준다. 주식 투자로 성공하고 싶은가? 워런 버핏, 조지 소로스, 벤저민 그레이엄Benjamin Graham 등 최고의 주식 투자 성공자들의 투자 기법과 투자 분석 마인드, 투자 흐름을 살펴봐라.

학교에서 한 줄 세우기 경쟁 때문일까? 한국 사람은 좀처럼 협동과 협업의 장점을 경험하지 못한다. 경험이 없으면 학습이 없고, 학습이 없으면 신뢰를 갖기 어렵다. 게다가 어르신들은 동업의 '동'자만 나와도 고개를 흔든다. 물론 가족과 함께 비즈니스를 하는 것이 가장 좋지만, 여기서 비즈니스는 비교적 작은 자영업이나 사업이다. 혁신적 벤처사업이나 비즈니스를 위해서는 능력 있는 누군가와 함께해야 한다. 꼭 동업일 필요는 없다. 유능한 능력을 활용하고 싶으나 '활용'이 아닌 '이용'만 당할 수 있다는 두려움은 노파심이다.

유대인은 '긍정의 민족'이다. 감사하고 긍정한다. 이들은 리스크를 분석하고 관리하지만, 두려워하지 않는다. 더 큰 기회가 있기 때문이다. 위험과 변화 속에 큰돈을 벌 수 있는 행운이 있다고 믿기 때문이다. 글로벌 경쟁이 치열해지면서 국내 시장만을 위한 제품이나 서비스 개발로 사업에 성공하려는 생각은 오산이다. 처음부터 글로벌 경쟁을 염두에 두어야 한다. 글로벌 경쟁이 이뤄지기 위해서는 나 혼자의 힘과 기술, 연구만으로는 한계가 있다. 함께 모여야 한다. 함께 일해야 한다.

자녀에게 경쟁을 두려워하지 않도록 가르치자. 유대인의 성공 비법처럼 유능한 사람의 능력을 활용하는 것이 진짜 유능한 능력임을 가르치자. 4차 혁명시대 글로벌 성공기업들의 공통점은 유능한 인재가 모여 창업하고, 기업을 키워가며, 끊임없이 혁신을 이뤘다는 것이다. 그리고 그 중심에는 페이스북 창업자 마크 저커버그, 아마존 창업자 제프 베조스, 구글 창업자 래리 페이지, 애플 창업자 스티브 잡스 등 세상을 움직이는 성공적인 유대인이 거인의 어깨 위에 올라타 시장을 재패했음을 잊지 말자.

닭을 빌려 달걀 낳기, 돈 한 푼 없이 부자가 되는 길은 많다

누구나 부자가 되고 싶어 한다. 자본주의 사회에서 돈은 필수다. 돈이 있으면 인격도 생기는 시대다. 돈을 싫어 하는 사람은 없다는 말도 있다. 그러나 부자는 사람을 좇고, 가난한 사람은 돈을 좇는다는 말처럼 돈을 좇는다고 돈을 버는 것은 아니다. 어떻게 부자가 될 수 있을까? 샐러리맨은 월급을 모아 주식에 투자해 개미 투자자가 된다. 평범한 사람은 복권을 사서 일주일 동안 '부자가 된다면 뭘 할까?' 잠시 희망고문에 빠진다. 퇴직자는 퇴직금을 자영업에 투자한다. 그러나 돈을 버는 사람은 많지 않다.

사업의 천재, 누구보다 돈을 잘 버는 유대인을 두고, 세계적인 시인 하이네Heine는 이런 말을 했다.

"돈은 이 시대의 상제上帝이고, 유대인은 그 선지자다."

유대인이 얼마나 돈 버는 재주가 있는지 알려주는 대목이다. 그렇다면 유대인이 어떻게 부자가 됐을까? 부를 일구는 비법은 과연 무엇일까? 부자가 된 유대인의 공통점은 끊임없이 생각하는 습관이 있다. 어느 유대인 기업가는 이런 말을 했다.

"돈 버는 길은 매우 많다. 하지만 모든 돈 버는 길에는 아주 얇은 종이가 한 장 덮여 있다. 결국 이 종이의 존재를 알아채고, 나아가 이 종이를 뚫을 수 있는 '강한 손가락'이 누구에게 있는지가 관건이다."

이처럼 돈을 벌 기회는 어디에나 있지만, 그 기회를 찾기 위해서는 끊임없이 생각하고, 실행해야 한다는 것이다.

하버드대 교수인 쑤린苏林은 《유대인의 생각공부》에서 이런 말을 했다.

"유대인은 언제 어디서나 자신의 지혜를 돈과 연결시킨다. 어떤 것이든 유대인의 손에 들어가면 돈과 인연을 맺는다. 그들은 일찌감치 문화와 예술을 포함한 모든 분야를 상품으로 만들었다. 유대인에게 돈을 버는 것은 하나의 신앙이자 삶의 목적이며 존재의 이유다. 이처럼 유대인은 천재적 재능을 부와 결합시켰다."

유대인의 부자 전략 중에 '닭을 빌려 달걀 낳기'가 있다. 내 닭도 아니고, 남의 닭을 빌려서 그 닭에게서 나온 계란을 갖는다는 것이다. 얼핏 보면 잘 이해가 되지 않지만, 유대인이라면 누구나 아는 부자 전략이다. 대표적인 사례가 힐튼 호텔을 창업한 콘래드 힐튼Conrad Hilton이다. 힐튼은 프린스 상업지에 호텔이 부족하다는 것을 알고, 호텔을 건축할 생각을 한다. 그는 토지 소유자 로드믹에게 부지 매매대금으로 30만 달러를 제시하는데, 당시 그가 가진 돈은 5,000달러에 불과했다. 그는 이런저런 방법으로 10만 달러밖에 마련하지 못했다. 하지만 힐튼은 포기하지 않았다.

힐튼은 로드믹을 찾아가 토지를 팔지 말고, 빌려만 달라고 한다. 그는 또한 임대료로 90년간 매년 3만 달러를 지급하겠다고 약속한다. 로드믹이 갸우뚱하자 힐튼은 연 3만 달러를 연체하면, 토지 위에 지은 호텔은 로드믹의 소유가 된다고 약속한다. 이렇게 힐튼은 자신의 돈 5,000달러로 30만 달러의 남의 땅을 90년간 이용할 수 있게 됐다. 힐튼의 닭을 빌어 달걀 낳기는 여기에 그치지 않는다.

힐튼은 호텔 건축을 시작했다. 그러나 건축비가 부족했다. 그는 다시 로드믹을 찾아가 토지를 담보로 돈을 빌려 쓰도록 협조를 구했다. 로드믹은 마땅치 않았지만 도와줬다. 호텔 건축이 어느 정도 됐지만, 여전히 돈이 부족했다. 힐튼은 로드믹에게 호텔이 지어지면 로드믹이 소유권을 갖되 호텔을 운영할 수 있는 운영권을 임대해 달라고 했다. 힐튼은 연간 10만 달러를 제시했다. 로드믹은 돈을 빌려줄 수도, 안 빌려줄 수도 없다는 사실을 깨닫고 돈을 빌려준다. 우여곡절 끝에 1925년, 힐튼은 자신의 이름을 딴 힐튼 호텔을 완공했다. 작은 모텔 수준이었던 힐튼 호텔은 전 세계적인 프랜차이즈 호텔로 성장했고, 힐튼은 큰 부자가 됐다. 결국 힐튼은 자신의 돈 5,000달러로 힐튼 호텔을 지어 운영한 셈이다.

어떤 사람들은 힐튼의 사업 수법을 보고 사기라거나, 또는 잔꾀를 부렸다고 비난할 수 있다. 유대인에게 이러한 잔꾀는 작은 지혜다. 이들은 큰 지혜와 잔꾀를 구분하지 않는다. 둘 다 돈을 벌 수 있는 방법에 불과하기 때문이다. 유대인은 돈 자체도 선과 악으로 구분하지 않는다. 이들은 돈을 많이 벌어서 하나님의 뜻대로 사용하는 것을 중요시 여긴다.

유대인의 생각은 유연하다. 지혜는 좋고, 꾀는 나쁘다는 이분법적인 사고를 하지 않는다. 이들은 어떤 사안에 대한 고정관념은 성공할 기회를 줄인다고 생각한다. 유대인은 고정관념을 타파하는 것, 남과 다르게 생각하는 힘, 즉 역발상을 중요시 여긴다. 유대인 부모는 자녀에게 부의 축적이 매우 중요하다고 가르친다. 이들은 자녀가 현실을 직시하고, 자신의 주변에 있는 돈 버는 기회를 찾아 이를 가린 종이 한 장을 어떻게든 뚫어낼 수 있도록 격려한다.

힐튼의 사업 성공에는 닭을 빌어 달걀 낳기라는 성공전략 외에 몇 가지 유대인의 특성이 있다. 우선 자신의 꿈을 포기하지 않았고, 끊임없이 방법을 생각했다는 것이다. 힐튼에게 프린스 지역에 숙박업소가 부족하다는 것 외에는 명확한 것이 하나도 없었다. 이 정도의 정보는 누구나 생각해볼 수 있다. 그러나 힐튼은 아이디어에서 멈추지 않았다. 자신의 아이디어를 실현할 방법을 궁리했다.

바로 이 점이 보통 사람과 다른 점이다.

힐튼은 5,000달러에 불과한 돈으로 60배 가치의 땅을 사려고 했다. 더 나아가 자신의 돈 한 푼 없이 수백 배 더 많은 건축비를 마련할 수 있다고 생각한 것이다. 이는 후츠파 정신에 가까운 발상이다. 힐튼은 자신이 원하는 꿈을 이루기 위해 어떤 어려움이 와도 포기하지 않고, 반드시 해내겠다는 불굴의 정신이 있었다. 포기하지 않으면 반드시 성공한다는 유대인 특유의 낙관적인 생각이다.

이뿐만이 아니다. 힐튼은 인간의 본성을 간파했다. 로드믹의 욕망, 욕심을 건드린 것이다. 그는 땅도 본인의 것이고, 호텔 건물도 자신의 것이 될 수 있다는 말에 힐튼의 제안을 받아들인다. 이처럼 유대인은 5000년 《탈무드》의 지혜로 무장되어 있다. 인간의 본능과 본성을 누구보다 잘 알고, 이를 이용할 수 있는 지혜를 가지고 있다. 이런 점에서 힐튼의 성공은 단순히 잔꾀로 치부할 수 없다. 힐튼의 성공은 유대인 특유의 생각과 정신이 결합된 결과물이라고 할 수 있다.

유대인 격언에 이런 말이 있다.

"성공은 당신이 얼마나 알고 있는 것이 아니라, 누구를 알고 있느냐에 달려 있다."

부를 갖고 싶다면 우선 누가 부를 가지고 있는지 알아봐야 한다. 그리고 부를 가지고 있는 사람의 능력을 이용해서 어떤 기회를 얻을 수 있는지 생각해야 한다. 가난한 사람은 돈을 쫓는 반면, 부자는 사람을 쫓아 더 큰 부를 일군다.

힐튼의 성공을 긍정하는지, 부정하는지 스스로 물어보자. 만일 부정적이라면 유대인이 부를 일구는 생각과는 거리가 멀다. 생각을 바꾸지 않으면 성공의 길이 보이지 않는다. 성공의 기회를 찾을 수 없다. 많은 사람들이 돈을 벌지 못한다고 불평한다. 자금이 없어서, 금리가 비싸서, 저축한 돈이 적어서, 지금 시장 경기가 안 좋아서, 무슨 사업이 돈이 될지 잘 몰라서…. 그러나 유대인에게 이런 것은 전혀 이유가 되지 않는다. 힐튼을 보라. 5,000달러로 수십만 달러의 힐튼 호텔을 짓지 않았는가? 유대인처럼 생각하고, 그들처럼 행동해보자. 불만과 불평, 핑계가 아닌, 성공의 기회가 보일 것이다.

핑계를 찾는 자녀로 키우지 말자. 핑계 뒤에 숨는 대신 기회를 꿰뚫어 보는 자녀로 키워보자. 핑곗거리를 기회로 바꾸는 것이 지혜다. 부족한 환경, 불리한 여건 속에서 기회는 항상 숨어 있다. 숨어 있는 기회를 찾아내는 것이 힘이다. 이것이 유대인의 생각하는 힘이다. 유대인이 성공을 이루는 위대한 힘이다. 자녀와 함께 유대인에게서 배워보자. 성공을 부르는 생각의 힘을 키우자!

자식의 성공은
라하마라트어머니의 사랑에 달려 있다

자식을 낳아 키워본 사람이면 누구나 공감하는 말이 있다. '자식은 삶의 기쁨!'이라는 말이다. 하지만 사실 기쁨은 잠시인 경우가 많다. 잠시 기쁘고, 끊임없는 희생이 뒤따른다. 아프고, 다치기도 하며, 그래서 마음을 졸인다. 대들고, 싸우며, 마음을 할퀴고, 그래서 때로는 미운 존재가 자식이다. 한편 부모에게 자식은 삶을 이끌어가는 원동력 자체다. 자식 없는 부모는 있지만, 부모 없는 자식은 없다고 한다. 자녀는 부모의 헌신과 희생에 기초해서 정신적으로, 육체적으로 성장한다.

유대인은 자녀를 키우면서 이 말을 자주한다.

"엘라딤, 제 씸하트 하임!"

히브리어로 '아이들은 삶의 기쁨'을 의미한다. 유대인 부모는 이토록 소중한 자녀가 신이 부여한 자신의 재능을 살려 스스로의 삶을 이끌어갈 수 있도록 헌신한다. 그러나 이들은 자녀에 대한 자신의 바람을 좀처럼 드러내지 않는다. 자녀가 느끼는 부담감을 경계할 뿐만 아니라, 자녀 스스로의 삶이 있다고 믿기 때문이다. 《탈무드》에 이런 말이 있다.

"신은 모든 곳에 있을 수 없어 어머니를 만들었다."

자식에 대한 헌신을 말할 때 어머니의 사랑을 빼놓을 수 없다. '라하마라트'는 히브리어로 '어머니의 사랑'을 의미한다. 유대인 엄마는 자녀에게 헌신하지만, 희생하지는 않는다. 헌신과 희생은 비슷하게 혼용해서 쓰이지만, 그 차이는 상당하다. 헌신은 '몸과 마음을 바쳐 힘을 다함'을 의미한다. 반면, 희생은 '다른 사람을 위해 자신의 목숨, 재산, 명예, 이익 따위를 바치거나 버림'을 의미한다. 유대인 엄마는 자식을 위해 자신을 버리는 일은 없다. 자식이 잘될 수 있도록 도와주고, 지켜주며, 이끌어줄 뿐이다. 이들은 희생하지 않기 때문에 '자식이 부모에게 갚아야 한다'고 생각하지 않는다. 자녀는 자신이 받은 사랑을 자신의 자녀에게 대물림할 뿐이다.

앞서 유대인을 구분하는 기준으로 부모 중 한 사람이 유대인일 때 자동적으로 유대인이 된다고 했다. 바로 어머니다. 아버지만 유대인일 경우, 그 자녀는 유대인이라고 하지 않는다. 적어도 이스라엘 독립국가 이전에는 그랬다. 어머니가 유대인인 경우에 자녀가 유대인이 된 이유는 어머니는 유대의 전통, 역사, 종교의식 등 유대인의 정체성을 자녀에게 고스란히 전수하기 때문이다.

유대인은 수십 가지에 이르는 역사적 기념일을 챙긴다. 유대인 자녀는 유대 명절 외에는 역사와 예법을 어머니에게서 익힌다. 히브리어로 '할라카'는 '유대의 법률'이란 뜻이다. 할라카는 결혼, 장례, 음식 만드는 법 등 생활 전반을 규율하고 있다. 유대인 자녀는 어머니를 통해 할라카를 이해하고 실천한다. 어머니를 통해 유대의 의식, 전통, 역사가 이어지는 것이다. 이처럼 유대인에게 어머니는 교육 이상의 중요한 역할을 담당한다.

《탈무드》에는 이런 이야기가 있다.

"어느 선량한 부모가 불가피한 사정으로 이혼을 했다. 남편은 성질이 나쁜 여자와 재혼해서 새 부인과도 나쁜 사이가 됐다. 아내 역시 나쁜 사나이와 재혼했지만, 얼마 후 그 사나이는 선량한 사람이 됐다."

이러한 이유에서 유대인은 어머니를 '집안의 영혼'이라고 부른다. 어머니가 없으면 집안에 영혼이 없는 것과 마찬가지다. 어머니의 현명함이 남편을 선량한 사람으로도, 나쁜 사람으로도 바꿀 수 있다는 내용이다. 어머니가 자녀에게만 중요한 존재가 아니라, 한 가정 전체에도 지대한 영향을 미치기 때문이다. 《탈무드》는 '아내는 가정'이라는 표현이 있다. 랍비 요세이는 이 내용을 읽고, 이렇게 말했다.

"나는 아내를 아내라고 부르지 않고, '나의 가정'이라고 불렀다."

유대인은 어머니를 엄마와 아내라는 특정 기능을 수행하는 사람이 아니라, '가정' 자체로 존중한다. 이처럼 유대인 어머니는 자녀에게 최초의 선생님이자 유대인 가정의 주춧돌 역할을 담당한다. 예로부터 유대인은 어머니의 중요함을 알았기에 비싼《토라》두루마리를 팔아야 할 경우에는 현명한 아내를 얻을 때와 공부하기 위한 목적 외에는 허용하지 않았다. 이토록 유대인 가정에서 어머니의 역할은 지대하다.

세계적으로 탁월한 업적을 남긴 유대인 뒤에는 어머니의 인내와 헌신이 있었다. 정신분석학의 창시자인 프로이트는 이렇게 말했다.

"내가 위대한 인물이 되려고 노력한 것은 어머니가 나를 믿어줬기 때문이다."

자녀에 대한 어머니의 신뢰와 믿음을 기초로 자녀는 자신이 믿고 바라는 것을 향해 흔들림 없이 나아갈 수 있었던 것이다. 이뿐만이 아니다. 존 F 케네디의 어머니 로즈 여사는 케네디의 토론 실력을 높이기 위해 식사 때마다 다양한 신문기사에 대한 케네디의 생각을 물어본 것으로 유명하다.

유대인 엄마는 남편의 권위를 세움으로써 가정의 권위도 함께 세우는 지혜를 발휘한다. 이들은 가정 예배를 위한 식탁에 남편의 의자를 마련한다. 남편이 출장 등으로 함께 식사하지 못하면 남편의 식기를 마련하고, 안전하고 무사하기를 자녀와 함께 기도한다. 유대인 엄마는 기도하며 매일 아기를 목욕시키고, 매주 안식일에 필요한 음식을 준비해 유대인이 안식일을 지킬 수 있도록 역할을 다해왔다. 뿐만 아니라 감정으로 아이를 훈육하지 않고, 칭찬도 구체적인 근거와 이유를 알려준다. 유대인 엄마의 역할과 존재감은 하나둘이 아니다.

유대인 아내는 남편에게 존경과 존중을 받는다. 《탈무드》에는 이런 문구가 있다.

"당신의 아내를 당신 자신을 사랑하듯 사랑하고, 소중히 지키시오. 여자를 울려서는 안 되오. 하나님은 그녀의 눈물을 한 방울씩 세고 있을 것이오."

유대인 남편이 아내를 얼마나 존귀하게 여기는지 알 수 있다. 자녀의 운명은 어머니에 의해서 만들어진다고 해도 과언이 아니다. 서양 속담에 이런 말이 있다.

"한 사람의 훌륭한 어머니는 백 사람의 교사보다 낫다."

어머니는 가정이라는 '학교'의 교사다. 어머니가 어떻게 자녀를 가르치는지에 따라 자녀의 운명이 달라진다. 유대인 자녀의 성공은 헌신적인 유대인 어머니에 의해 비로소 완성된다. 하루아침에 유대인 엄마가 될 수는 없다. 자녀 교육이라는 측면에서 슈퍼우먼보다 더 완벽한 사람이 유대인 엄마다. 모든 것을 따라 할 수는 없지만, 자녀 교육에 있어서 이것 하나만은 벤치마킹할 필요가 있다. 자녀의 사랑에 기초해 인내를 가지고, 자녀에게 무한 신뢰를 주는 것, 자녀에게 신뢰의 힘은 평생 간다. 자녀는 이 힘 하나로 일생 동안 자신에게 닥칠 고난을 헤쳐 나갈 힘을 얻기 때문이다. 이것 하나만 이뤄도 자녀 성공은 완성될 수 있다.

먼저 떠날 줄 아는 사랑이 자녀를 더 큰 인물로 만든다

자녀가 독립하면 엄마들은 종종 '빈 둥지 증후군'을 호소한다. 자녀가 점점 자라면서 엄마의 역할은 반비례해 줄어든다. 자녀가 돈이라도 벌면 엄마의 '엄카엄마카드'도 효력이 끝난다. 엄마는 자녀가 자신을 떠날까 봐 전전긍긍이다. 아들과 딸이 여자친구, 남자친구라도 생기면 엄마가 비집고 들어갈 자리는 더 줄어든다. 자녀의 뒷바라지를 기쁨이라고 생각하며 살았던 엄마는 이제 어떤 효능감으로 살아야 할까? 엄마의 한숨과 우울감이 시작된다.

그렇다면 유대인 엄마는 빈 둥지 증후군을 어떻게 극복할까? 유대인 아이들은 13살에 성인식을 치른다. 종교적으로, 사회적으로 독립을 선언하는 것이다. 더 놀라운 것은 유대인 엄마는 이보다 앞서 자녀 독립을 준비시킨다는 것이다. 세 자녀를 성공적으로 키운 중국계 유대인 사라 이마스는 이렇게 말한다.

"사랑할 줄만 알고 가르칠 줄 모르는 것을 걱정하라. 공부만 잘 하는 아이로 키울 것인가? 인생을 주도적으로 사는 아이로 키울 것인가?"

그녀는 어린 자녀에게 집안일을 분담시키고, 학생인 자녀에게 세차 등 아르바이트를 시키며 경제관념으로 자녀를 무장시켰다. 하지만 처음부터 이러한 교육관을 가진 것은 아니다. 그녀가 막 이스라엘로 이민을 왔을때 이웃의 유대인 부모들은 자녀에게 희생하는 그녀에게 냉정하게 충고했다.

"진심으로 아이가 성공하길 바란다면 부모가 적당한 시기에 물러날 줄 알아야 해요. 당신이 손을 놓아야지만 아이가 높이 날아오를 수 있어요."

이것이 보통의 유대인 부모의 생각이다. 유대인 엄마는 자녀를 움켜쥐지 않는다. 그렇다고 이들이 한국 엄마보다 자녀 사랑이 덜한 것도 아니다. 이들은 오히려 자녀의 독립을 위해 자신의 사랑을 감추는 지혜를 실천한다.

유대인 엄마는 자녀에게 헌신하되, 희생하지 않는다. 이들의 목적은 자녀가 책임감과 독립심을 갖고, 스스로 세상을 살아가는 힘을 기르는 것이다. 이를 실천하는 대표적인 방법이 바로 '태만형 교육'이다. 유대인 엄마는 하루 24시간 자녀를 위해 일하지 않는다. 자신을 희생하지 않아도 죄책감을 느끼지 않는다. 이들은 희생과 헌신의 차이를 구별해 현명하게 자녀를 대한다. 헌신하되 희생하지 않기 때문에 유대인 엄마는 자녀의 양육과정에서 '불안감'이나 '강박증' 등 부정적인 감정을 줄일 수 있다. 유대인 부모는 절제된 자녀 사랑을 강조한다. 자녀를 위해 모든 것을 해주는 사랑이 아니라, 자녀가 스스로 할 수 있도록 도와주는 사랑이다.

미국 콜로라도 대협곡에 독수리가 있다. 엄마 독수리는 매일 수백 마일을 날아 새끼를 위한 둥지를 짓는다. 소철나무 가시가 새끼 독수리를 다치게 할까 봐 둥지 안에는 깃털, 나뭇잎 등을 정성껏 넣어 부드럽게 만든다. 새끼 독수리가 어느 정도 자라면, 엄마 독수리는 둥지를 부숴버린다. 새끼 독수리는 사력을 다해서 날아오르려 애쓰고 마침내 대협곡을 비상한다.

대협곡 독수리의 새끼 독수리 사랑과 유대인의 자녀 사랑은 닮은 데가 많다. 자녀를 지극히 사랑하지만, 자녀 스스로의 힘으로 독립하는 것이 중요하기 때문에 유대인 부모는 때로는 모질게 독립을 시킨다. 유대인이 자녀를 사랑한다는 이유로 자녀가 필요로 하는 모든 것을 해결해주면, 자녀는 영원히 부모에게서 독립할 수 없다. 이들은 자녀가 사회에 나가 한 사람으로서의 역할과 책임을 다할 수 있기를 바란다. 절제하는 사랑, 반만 표현하는 사랑, 태만형 교육, 이것이 유대인의 지혜로운 교육이다.

유대인은 자녀가 부모를 떠날 때까지 기다리지 않고, 자신이 한 발 앞서 자녀를 떠나보내는 지혜를 발휘한다. 세 자녀를 모두 훌륭하게 키운 네스타 아로니Nesta Aharoni는 《유대인 부모의 힘》에서 이렇게 말한다.

"우리 아이들이 세상에 자신의 존재를 알렸던 첫 순간부터 내가 확실하게 알고 있던 사실이 한 가지 있다. 내가 아이들을 키우는 것은 장차 이 아이들을 품에서 떠나보내기 위해서라는 사실이다. 나는 임시 후견인이고 돌봐주는 사람이자 교사일 뿐 이 사랑스러운 보물의 소유자가 아니다."

유대인 부모는 자신의 어린 새들이 둥지를 떠나 힘차게 날 수 있도록 기쁘게 도와준다. 이들은 아기 새들이 스스로 비상할 수 있는 능력을 키우는 것을 큰 행복으로 여긴다. 그래서 이들은 빈 둥지를 바라보며 슬퍼하거나 우울해하지 않는다. 이들은 아이들의 학업과 일상에 깊이 관여하지만, 자신의 모든 것을 쏟아붓지는 않는다. 유대인 부모에게 빈 둥지 증후군은 처음부터 없었던 것이다. 유대인 부모는 자녀가 떠나면 남은 빈 둥지를 취미활동, 공부, 다양한 활동으로 새롭게 채운다.

유대인 부모의 '자녀를 먼저 떠나보내기' 지혜는 자녀의 사회성 기르기 훈련에서도 나타난다. 이들은 일부러 자녀에게 낯선 사람과 말하도록 하는 훈련을 시킨다. 시계를 가지고 나오지 않았다며 자녀에게 거리의 경찰한테 시간을 물어보게 한다. 또는 낯선 곳에서는 길을 못 찾겠다며 자녀한테 길 가는 사람에게 길을 물어보라고 한다. 처음에는 낯설어 하던 아이들도 나중에는 스스로 효능감을 느껴 시키지 않았는데도 먼저 다가가 물어보곤 한다. 이렇게 유대인 부모는 사회성 기르기 등을 통해서 이 세상에 자신이 없어도 자녀들이 혼자 살아갈 수 있는 힘을 길러준다.

유대인 학교에는 학부모 전담관 제도라는 것이 있다. 한마디로 교사와 부모가 소통하는 자리다. 학부모 전담관은 부모에게 "참관하고, 관찰하며, 조언하는 교관이 되어야지 하나부터 열까지 다 처리해주는 하인이나 집사가 되지 말라"고 충고한다. 유대인 부모는 자녀가 초등학교 고학년이 되면 자녀 주변을 맴돌지 않는다. 자녀에 대한 개입은 위급한 상황 등 아주 최소한으로 한다. 이러한 지혜의 목표는 한결같이 자녀를 독립심과 책임감 있는 사람으로 키우기 위함이다. 유대인 부모와 학교 모두 합심해 자립심과 책임감 넘치는 인재를 양성한다.

아이는 '독립적인 시간과 공간'이 필요하다. 부모와 자녀 사이에는 '적당한 거리 두기'가 중요하다. 이러한 시간과 공간을 이용해 아이들은 스스로 문제를 해결하고, 그 과정에서 자신감을 얻는다. 또한 사회 구성원으로서 책임감도 키워간다. 부모는 아이의 손을 놓고 싶지 않지만, 언제 놓아야 할지 현명하게 결정해야 한다. 아이가 부모 손을 놓지 않으려 해도 아이에게 부모 손을 놓아도 잘 할 수 있다는 믿음과 신뢰를 줘야 한다. 손을 놓은 아이는 두려움 없이 세상 밖으로 나아가 더 큰 세상을 만나게 된다.

자녀는 부모가 믿어주고, 허용하는 만큼 성장할 수 있다. 숨도 못 쉴 만큼 모든 것을 부모가 다 해주면 이는 자녀의 성장 기회를 박탈하는 것이다. 단지 기회만 박탈하는 것이 아니라, 스스로 성장할 수 있는 힘마저 없애는 것이다. 기회 박탈보다 더 무서운 것이 스스로 할 수 있는 자력의 기회를 박탈하는 것이다.

한국 엄마는 멀쩡히 다니던 직장도 자녀가 초등학교에 입학하면 불안해서 그만둔다. 전업주부가 되어 자녀를 위해 온전히 자신을 희생한다. 그러나 이러한 희생은 자녀가 자라면서 '자녀의 반격'과 '빈 둥지 증후군'으로 부메랑이 되어 돌아온다. 자녀가 자신을 떠나려고 하면 두려워하고 아쉬워한다. 빈 둥지 증후군으로 엄마가 고통스러워하면, 떠나는 자녀도 마음이 편치 못하다.

자녀에게 충분히 독립된 시간과 공간을 나누어주자. 혼자 놓아두면 불안한 것은 자녀가 아니라 엄마라는 사실을 깨닫자. 자녀는 엄마에게 신뢰를 받으면 혼자 있어도 두려워하지 않는다. 두려워 떠는 것은 혼자 놓아둔 엄마일 뿐이다. '먼저 손 놓기'도 연습해보자. 자녀가 독립을 절실히 원할 때가 아니라, 스스로 독립을 준비할 수 있도록 충분히 기회를 주자. 콜로라도 대협곡의 독수리처럼 자녀의 독립심과 책임감 키우기를 위해 스스로 둥지를 깨는 연습을 해보자.

자녀를 누구보다 사랑하지만, 나의 삶과 생활도 챙기는 태만형 교육을 시도해보자. 엄마가 행복해야 자녀가 행복하다. 엄마가 불안하면 자녀 또한 불안하다. 엄마가 자신의 삶을 주도적으로 영위하면서 자신감 있게 살아갈 때 자녀도 엄마를 롤 모델로 삼는다.

자녀는 하루 24시간 자신의 주변을 맴돌며 수시로 전화로 확인하고, 전전긍긍하는 엄마를 바라보면 자녀가 행복해할 리가 없다. 성장하는 자녀는 자신만의 공간과 시간이 필요하다는 것을 인정하자. 그리고 기억하자. 엄마가 자녀의 성공을 완성한다는 것을!

이 책을 쓰면서 도움 받은 도서목록

· 고재학, 《부모라면 유대인처럼》, 위즈덤하우스, 2010
· 곽은경, 《유대인 엄마는 장난감을 사지 않는다》, 알에이치코리아, 2017
· 김욱, 《세계를 움직이는 유대인의 모든 것》, 지훈, 2005
· 네스타 A 아로니 지음, 박선령 옮김, 《유대인 부모의 힘》, 지훈, 2013
· 레비 브래크만 · 샘 제프 지음, 김정완 옮김, 《비즈니스는 유대인처럼》, 매경출판, 2014
· 마빈 토케이어 지음, 이현 옮김, 《유대인 부모들의 소문난 교육법》, 리더북스, 2016
· 박기현, 《차이나는 유대인 엄마의 교육법》, 메이트북스, 2019
· 박미영, 《유대인의 자녀 교육 38》, 국민출판, 2011
· 박재선, 《유대인 파워》, 해누리, 2010
· 베니 갈 지음, 박상은 옮김, 《유대인 인생의 비밀》, 아템포, 2015
· 사라 이마스 지음, 정주은 옮김 《유대인 엄마의 힘》, 위즈덤하우스, 2014
· 사라 이마스 지음, 허유영 옮김, 《유대인 엄마는 회복탄력성부터 키운다》, 위즈덤하우스, 2019
· 샤이니아 지음, 홍순도 옮김, 《탈무드》, 서교출판사, 2018
· 심정섭, 《질문이 있는 식탁 유대인 교육의 비밀》, 예담, 2016
· 심정섭, 《1% 유대인의 생각훈련》, 매경출판, 2018
· 쑤린 지음, 권용중 옮김, 《유대인 생각공부》, 마일스톤, 2019
· 유현심 · 서상훈, 《유대인에게 배우는 부모수업》, 성안북스, 2018

· 이갈 에를리히 지음, 이원재 옮김, 《요즈마 스토리》, 아라크네, 2019
· 이동연, 《탈무드는 어떻게 유대인들의 생존 무기가 되었을까》, 북오션, 2019
· 이영희, 《유대인의 밥상머리 자녀 교육》, 규장, 2006
· 이상민, 《유대인의 생각하는 힘》, 라의눈, 2016
· 이시즈미 간지 지음, 권혜미 옮김, 《부모가 먼저 배우는 유대인식 자녀 교육법》, 푸르름, 2017
· 임지은, 《부모라면 놓쳐서는 안 될 유대인 교육법》, 미디어숲, 2020
· 장화용, 《들어주고, 인내하고, 기다리는 유대인 부모처럼》, 스마트비즈니스, 2018
· 전성수, 《부모라면 유대인처럼 하브루타로 교육하라》, 위즈덤하우스, 2012
· 전성수, 《유대인 엄마처럼 격려+질문으로 답하라》, 국민출판, 2014
· 테시마 유로 지음, 한양심 옮김, 《유대인의 비즈니스는 침대에서 시작된다》, 가디언, 2013
· 헤츠키 아리엘리 지음, 김진자 엮음, 《유대인의 성공 코드 Excellence》, 국제인재개발센터, 2015
· 홍익희 · 조은혜, 《13세에 완성되는 유대인 자녀 교육》, 한스미디어, 2016
· 홍익희, 《유대인 창의성의 비밀》, 행성B, 2013
· 홍익희, 《유대인 이야기》, 행성B, 2013
· 힐 마골린 지음, 권춘오 옮김, 《공부하는 유대인》, 일상이상, 2013

유대인 자녀 교육에 답이 있다

제1판 1쇄 | 2020년 9월 30일
제1판 2쇄 | 2021년 8월 5일

지은이 | 유경선
펴낸이 | 유근석
펴낸곳 | 한국경제신문*i*
기획제작 | (주)두드림미디어
책임편집 | 배성분 디자인 | 얼앤똘비악earl_tolbiac@naver.com

주소 | 서울특별시 중구 청파로 463
기획출판팀 | 02-333-3577
E-mail | dodreamedia@naver.com
등록 | 제 2-315(1967. 5. 15)

ISBN 978-89-475-4633-1 (13590)

책 내용에 관한 궁금증은 표지 앞날개에 있는 저자의 이메일이나
저자의 각종 SNS 연락처로 문의해주시길 바랍니다.